F.EDOUARD 1990

TRAITÉ DES PROCÉDÉS

DE MULTIPLICATION

naturelle et artificielle

DES POISSONS

OU

DE PISCICULTURE PRATIQUE

MISE A LA PORTÉE DE TOUT LE MONDE,

PAR

M. Félix FRAICHE

Professeur de sciences naturelles et mathématiques.

Prix : 2 francs

PARIS,

IMPRIMERIE ET LIBRAIRIE D'AGRICULTURE ET D'HORTICULTURE

DE MADAME VEUVE BOUCHARD-HUZARD,

Rue de l'Éperon, 5.

TRAITÉ DES PROCÉDÉS

DE MULTIPLICATION

naturelle et artificielle

DES POISSONS.

©

TRAITÉ DES PROCÉDÉS

DE MULTIPLICATION

naturelle et artificielle

DES POISSONS

ou

DE PISCICULTURE PRATIQUE

MISE A LA PORTÉE DE TOUT LE MONDE,

PAR

M. Félix FRAICHE

Professeur de sciences naturelles et mathématiques.

———◦———

PARIS,

IMPRIMERIE ET LIBRAIRIE D'AGRICULTURE ET D'HORTICULTURE

DE MADAME VEUVE BOUCHARD-HUZARD,

Rue de l'Éperon, 5.

1863

INTRODUCTION.

La pensée première de ce petit livre m'a été inspirée par le sentiment de douloureuse surprise que j'ai éprouvé en lisant, il y a peu de temps encore, les attaques et les railleries plus ou moins heureuses dirigées par certains organes de la publicité contre une découverte récente, passée aujourd'hui, à la suite de nombreuses expériences et d'éclatants succès, de l'ordre des conceptions scientifiques à celui des faits accomplis. Je veux parler des procédés de multiplication et de reproduction artificielle des diverses races aquatiques utiles, procédés que, jusqu'à l'adoption d'un autre nom plus

1.

logique, nous désignerons par le mot de piscieulture (1).

Je laisse à d'autres de découvrir tout ce qu'il peut y avoir de désopilant ou de spirituel dans le poisson élevé au biberon, ou dans l'huître en gésine. Il est temps, je crois, de renoncer désormais à des saillies, bonnes tout au plus une fois, surtout quand elles ont pour effet de retarder l'essor et la généralisation d'une science appelée, non-seulement à accroître notre industrie et notre richesse nationale, mais aussi à devenir pour l'industrie privée une source de fortune. Éloignant donc de moi toute idée d'une polémique que m'interdit, du reste, mon peu d'habileté aux jeux de l'esprit, j'ai mieux aimé chercher à populariser des procédés expérimentés de tous côtés par des hommes sérieux et compétents, dont le

(1) Le mot aquiculture, plus conforme aux règles philologiques, prévaudra à coup sûr; mais, son adoption n'étant pas générale, nous avons cru devoir, pour être intelligible au plus grand nombre, nous servir encore du mot piscieulture.

succès a couronné les efforts, et tenter de faire rendre justice aux remarquables travaux et à la haute intelligence du promoteur de la pisciculture.

Certes, je n'ai pas la fatuité de m'ériger ici en défenseur de M. Coste et de la science découverte, ou plutôt retrouvée, par lui ; les faits acquis ont assez d'éloquence par eux-mêmes. En écrivant ce livre, j'ai voulu seulement mettre à la portée de tous la pratique des procédés de la pisciculture ; et, sans parler des avantages que la France peut en retirer comme source de richesse et d'alimentation publiques, je n'ai eu d'autre but que de mettre les uns à même d'y chercher une curieuse et agréable récréation, et les autres de se créer une source de revenus prompts et certains, en multipliant à l'infini le produit insignifiant ou nul, peut-être, de leurs cours d'eau.

Mais, et je m'empresse de le dire, dans ce livre il n'y a que peu de choses qui m'appartiennent en propre : j'y ai réuni et condensé les procédés décrits dans les divers ouvrages qui ont trait à la multiplication des races aquatiques, en laissant de côté tout ce qui sort du cadre essentiellement pratique et personnel que je me suis tracé, et en m'efforçant seulement de faire connaître et d'expliquer avec clarté les méthodes les plus simples, et surtout celles qui ont pour elles la sanction de l'expérience.

J'ai cru devoir faire précéder le Traité proprement dit de pisciculture d'un court historique de cette science, pensant que, outre l'intérêt qu'il peut offrir par lui-même, il ne serait peut-être pas inutile pour rassurer ceux qui prennent les mots d'invention nouvelle pour un synonyme d'utopie. Ceux-là verront qu'une science qui remonte dans l'histoire romaine avant l'époque de la guerre des Marses, et à la plus haute antiquité chez les Chinois, a des droits à leur considération. Je l'ai fait suivre de quelques notions d'histoire naturelle sur les familles des poissons qui fréquentent le plus habituellement nos fleuves et nos lacs, afin de guider dans leur choix ceux qui voudraient expérimenter par eux-mêmes.

Certes, celui qui aura lu ce petit livre ne sera point un pisciculteur dans l'acception scientifique et humanitaire (1) du mot, mais il en saura assez pour rendre justice et applaudir aux succès des promoteurs d'une science dont les résultats utiles sont sans limites, et aussi pour participer, dans l'étendue de ses moyens d'application, aux avantages que peuvent offrir une protection intelligente et une acclimatation raisonnée des divers habitants de nos cours d'eau.

S'il ne m'est pas donné d'atteindre à ce

(1) Le mot humanitaire, appliqué à un sujet aussi restreint que celui qui nous occupe, pourra peut-être appeler un sourire sur les lèvres de nos lecteurs, je les engagerai à lire les rapports publiés par *le Moniteur* sur l'organisation de la population maritime qui repeuple et exploite maintenant les huîtrières du bassin d'Arcachon et de la côte de Saint-Brieuc ; et ils y verront que, si les résultats ont été heureux comme accroissement dans la production de ces champs sous-marins, ils ont été plus heureux encore sous le point de vue de l'amélioration physique et morale des populations riveraines.

double but, je m'estimerai toutefois suffisamment récompensé de mes efforts, s'ils
ont réussi à inspirer à mes lecteurs le désir
de mieux connaître ce que, pour la plupart,
ils ont dédaigné ou peut-être raillé jusqu'ici.

1864.

TRAITÉ DES PROCÉDES

DE

MULTIPLICATION NATURELLE ET ARTIFICIELLE

DES POISSONS.

HISTORIQUE.

La pisciculture est plutôt une science retrouvée qu'une invention moderne; les Ro-
mains, en effet, n'étaient pas étrangers aux
pratiques à l'aide desquelles on multiplie et
l'on perfectionne les races aquatiques; et l'habileté des procédés employés annonce que,
pour eux, cette science n'en était pas à son
coup d'essai.

Je ne veux point parler ici des murènes
engraissées à grands frais pour la table des
riches patriciens et des empereurs, ni des

turbots jugés dignes d'un sénatus-consulte; sans contester la véracité ni la valeur historique de ces faits, je me contenterai d'en rapporter un dont les preuves authentiques subsistent encore de nos jours.

Au fond du golfe de Baïa, près des ruines de Cumes, on trouve un lac que l'aspect sauvage de ses environs fit nommer l'Arverne; c'est là que Virgile place l'entrée des Enfers. Vers le VIIe siècle de notre ère, un homme riche et intelligent, un chevalier romain, Sergius Orata, entreprit sur les bords de ce lac la culture des huîtres. Là non-seulement il les parquait, les engraissait, les perfectionnait, mais encore il les faisait *naître* et les *multipliait* avec une telle profusion, qu'il fournissait à lui seul les tables de tous les Lucullus du temps. Le succès de son œuvre était tel, et si universellement reconnu, que, dépossédé un jour de son lac, dont il avait envahi abusivement toutes les rives, on disait, en parlant de sa mésaventure : *Qu'importe, il en fera au besoin pousser sur les toits.*

Cette industrie de Sergius Orata, industrie trop perfectionnée pour qu'il en fût lui-même l'inventeur, s'est perpétuée jusqu'à nos jours, suivant les mêmes principes et les mêmes procédés, dans un lac voisin de l'Arverne, le Fusaro, l'ancien Achéron des poëtes.

A l'aide d'un système de pieux, de fascines, de pierres, les pêcheurs recueillent le *naissain* des huîtres au moment de la ponte, le protégent contre la dispersion ou l'envasement, favorisent la croissance des jeunes individus, les classent par rang de taille, et les amènent ainsi, par une suite d'habiles manœuvres, au moment le plus propice pour une vente fructueuse.

Deux monuments historiques, deux vases, retrouvés, l'un dans la Pouille, l'autre près de Rome, attestent l'antiquité des procédés employés par Sergius Orata et ses successeurs.

Sur l'un de ces vases on voit une représentation, grossière il est vrai, mais très-reconnaissable, des viviers, des canaux de communication avec la mer, des divers édifices d'exploitation, et, au-dessous, une inscription : STAGNUM PALATIUM, OSTREARIA, qui ne peut laisser aucun doute sur l'objet que représente le dessin.

L'autre vase représente en perspective les édifices qui bordaient la plage de Baïa et de Pouzzoles, et porte pour inscription les mots suivants : STAGNUM NERONIS, OSTREARIA, STAGNUM, SYLVA, BAÏA.

Enfin le témoignage de Pline lui-même (*Hist. nat.*, lib. IX, cap. LIV) nous apprend que Sergius Orata ne se livrait pas à cette industrie pour son plaisir, mais bien par intérêt, par amour du lucre, et que le succès répondait à ses travaux.

La connaissance approfondie de l'histoire naturelle des races marines, que suppose l'exploitation des huîtrières de l'Arverne, fait présumer qu'à l'époque de Sergius Orata on connaissait parfaitement aussi les procédés de pisciculture, sinon ceux de la reproduction artificielle des poissons, du moins ceux qui, en utilisant les seules forces de la nature, favo-

risent leur développement et leur multiplication à l'infini dans un espace limité. Nous en
donnerons pour preuve une industrie encore
existante de nos jours, et qui remonte aussi
à une haute antiquité.

Près des confins des États de l'Église, sur les
bords de l'Adriatique, se trouve une lagune,
c'est-à-dire une plage à fleur d'eau, entre-
coupée çà et là d'étangs salés, et bordée par
deux rivières, le Reno et le Volano. Cette lagune et ses étangs, la mer Adriatique et les
deux rivières, sont devenus, entre les mains
d'ouvriers intelligents, et cela depuis plusieurs siècles, de dociles instruments de pisciculture, et forment un immense appareil, dont
le produit alimente de poisson frais tous les
États limitrophes, et de conserves estimées
toute l'Italie et une partie de l'Europe.

La connaissance approfondie de trois espèces de poissons, l'anguille, le muge et l'ac-
quadelle, que l'on élève dans la lagune de
Commachio, la réalisation constante et intelligente des circonstances qui peuvent favo-

riser leurs instincts, voilà toute la science des pêcheurs qui exploitent ces vastes champs marins, et qui ont fondé le plus admirable établissement de pisciculture qu'on puisse imaginer.

Des essais fréquemment répétés ont démontré que, dans cette exploitation modèle, une livre de *montée* (semence) d'anguilles, c'est-à-dire de jeunes anguilles, longues à peine de 6 à 7 millimètres, se transforme, en quatre ou cinq ans, en 3 ou 4,000 kilogrammes de chair comestible, d'une valeur de 12 à 13,000 francs, et ne demande d'autres frais que ceux nécessités par l'entretien des canaux et des appareils de pêche. Une livre de montée de muge, la seconde espèce que l'on cultive à Commachio, donne, en un an, 750 kilogrammes de poisson, accroissement prodigieux par sa rapidité et par le peu de soins et de dépenses qu'il exige.

L'industrie des habitants de la lagune de Commachio remonte à coup sûr à une haute antiquité, car, sur un terrain sans cesse submergé et entrecoupé de lacs et de canaux, la pêche est la seule industrie possible; or la ville de Commachio, qui occupe une langue de terre au centre de la lagune, et qui n'a que depuis peu de temps une communication commode avec la terre ferme, possède une cathédrale qui date du VIe siècle, et divers actes authentiques, concernant certains priviléges accordés aux habitants de la lagune, témoignent que, déjà à cette époque, l'industrie spéciale de ses habitants était la même que de nos jours. Enfin le blason d'un des membres de la famille Guidi, qui, au XIIIe siècle, fut, pour ainsi dire, le souverain de ce petit État, représente un système de canaux et d'écluses identique à celui de la lagune actuelle.

Tout ce qui précède, on ne saurait le nier, est bien de la pisciculture, mais c'est là la pisciculture naturelle, c'est-à-dire celle où l'homme ne fait que favoriser les forces de la nature, en satisfaisant, autant que possible, aux instincts des diverses races marines, en les utilisant au profit de son exploitation.

2.

Les Chinois, chez lesquels les sciences de toute sorte semblent avoir été connues de toute antiquité, emploient des procédés artificiels pour l'empoissonnement de leurs cours d'eau et la multiplication des espèces qui les habitent. On vend en Chine, et c'est même une importante branche de commerce, des frayères artificielles garnies d'œufs de poissons, et qui, entretenues humides, supportent sans altération de lointains transports. Déposés ensuite dans les cours d'eau que l'on veut peupler, ces œufs s'y développent comme s'ils n'avaient point quitté le fleuve natal, et bientôt des myriades de jeunes poissons viennent attester l'excellence de ce mode d'opération.

Enfin les procédés d'éducation et de perfectionnement de certaines de nos espèces marines étaient connus et appliqués en France, sur notre propre littoral, bien avant l'apparition des premières expériences faites au Collége de France.

En 1235, sur les côtes de l'Océan, à une

demi-lieue d'Esnandes, on vit se briser sur
les écueils de la rive une barque montée par
trois hommes; un seul fut sauvé, c'était un
Irlandais nommé Walton. Un violent coup de
vent avait chassé la barque loin des côtes de
la mère patrie, enseveli son chargement dans
les flots, et avait jeté cet infortuné, seul et
sans ressources, sur une plage trop pauvre
pour nourrir même ses rares habitants. C'est
pourtant à ce pauvre naufragé que les pêcheurs
de l'anse de l'Aiguillon doivent l'industrie qui
est pour eux une source féconde de travail et
de fortune.

Walton, pour se créer des moyens d'existence, entreprit une guerre acharnée contre
les oiseaux aquatiques; à l'aide de pieux en-
foncés de distance en distance dans l'immense
vasière qui forme la baie de l'Aiguillon, il
tendit des filets où venaient se faire prendre
les oiseaux qui fréquentent ces parages. Bientôt il remarqua que la partie de ces pieux qui
touchait à la vase, et que la mer venait bai-
gner à chaque marée, se recouvrait de jeunes

moules, qui, s'attachant au bois par leur bys-
sus, en garnissaient toute la surface, et qui,
placées ainsi dans des conditions sans doute
plus favorables que celles que leur offrait le
lit de la vase où elles avaient pris naissance,
acquéraient bientôt une taille supérieure et
une saveur plus délicate que les moules vivant à l'état sauvage. Ce fut pour Walton une
révélation. Laissant là ses filets et ses oiseaux,
il entreprit la culture des moules, réalisant
en grand ce que ses pieux faisaient en petit.
A l'aide de pieux et de palissades, il établit
un système de cloisons verticales en forme de
double W, présentant leurs pointes à la mer
pour couper la lame, et disposées sur divers niveaux de la vasière, de sorte que les unes étant
sans cesse baignées par les flots, les autres ne
le fussent qu'à chaque marée. Ce simple et
peu dispendieux appareil est celui dont se
servent encore de nos jours les pêcheurs
d'Esnandes; on les nomme *bouchots*. Le *frai*,
ou germe reproducteur des moules, qu'autre-
fois le flot entraînait à chaque marée, se dé-

pose sur des pieux isolés disposés à cet effet dans la vasière; c'est là l'appareil collecteur de la semence. Dès que les jeunes moules sont nées, on les cueille pour aller les déposer sur les palissades des bouchots, en les suspendant, au moyen de bourses en vieux filet, au-dessus de la vase, assez près pour qu'elles y trouvent leur nourriture, assez loin pour qu'elles ne soient point étouffées et ne contractent point de saveur nauséabonde. A mesure qu'elles grandissent, on les cueille de nouveau pour les transporter sur des bouchots de plus en plus éloignés de la mer, car, à mesure que leur taille augmente, le contact incessant de l'eau salée ne leur est plus aussi nécessaire, et elles arrivent ainsi à la taille comestible, fournissant alors un aliment sain et agréable à toute la classe indigente pendant toute l'année, et exportées depuis juillet jusqu'en janvier dans toutes les villes des environs. La Rochelle, Rochefort, Saint-Jean d'Angely, Angoulême, Niort, Tours, Poitiers, Angers, Saumur tirent toutes leurs moules des pêcheries de l'Aiguillon. Cent quarante chevaux et quatre-vingt-dix charrettes, faisant trente-trois mille voyages par an, servent à la répartition des produits de l'industrie de Walton, devenue aujourd'hui une source féconde de richesse pour ces parages incultes. Un seul bouchot, en effet, donne par an un poids de moules de 60 à 75,000 kilogrammes, d'une valeur pécuniaire de 2,000 à 2,500 fr., et la récolte totale de tous les bouchots, qui s'élève en moyenne, annuellement, à 35 millions de kilogrammes, donne aux producteurs un revenu brut de 1,200,000 francs.

A la suite des faits que je viens de rapporter, je ne citerai que pour mémoire l'industrie des *claires* de Marennes, où les huîtres sont soumises à des méthodes de perfectionnement destinées à augmenter leur valeur, en leur donnant plus de finesse et une saveur recherchée; car si dans ces établissements l'huître est modifiée par l'industrie humaine, du moins n'a-t-on jamais cherché à en multiplier le nombre en protégeant sa reproduction;

c'est toujours au centre commun, à l'Océan, que les éleveurs de Marennes empruntent leurs sujets. Aussi, sous ce rapport, leurs procédés sont-ils susceptibles de nombreux perfectionnements, à l'aide desquels, sans presque aucun accroissement de dépense, les produits des claires pourraient être centuplés.

Nous voici arrivé maintenant à la pisciculture contemporaine, à celle dont M. Coste est l'habile et savant promoteur, à celle enfin qui est destinée à laisser loin derrière elle, et les huîtrières du Lucrin et les richesses de Commachio ou de la baie de l'Aiguillon.

Tandis que M. Coste, au collége de France, étudiait les mœurs des poissons et les phénomènes de la reproduction des races aquatiques, préludant ainsi à ses découvertes récentes, un simple pêcheur de Concarneau, le pilote Guillou, guidé par ses observations pratiques, avait déjà fait faire un grand pas à la science ; dans un vivier en miniature il élevait, acclimatait et multipliait les espèces marines de nos côtes, et démontrait que le poisson est susceptible d'éducation et de perfectionnement, aussi bien que les végétaux de nos jardins et de nos champs, aussi bien que les animaux de nos basses-cours et de nos fermes; enfin que la mer, comme un sol fécond, peut multiplier à l'infini ses produits, si on la soumet aux pratiques raisonnées de la science, qui, venant en aide aux forces de la nature, en centuplent les effets.

En 1852, sur un rapport de M. Coste, qui dans son laboratoire du collége de France, dans un bassin de quelques mètres cubes d'eau renouvelée par un simple robinet, venait d'obtenir non-seulement l'éclosion, mais encore l'accroissement rapide de myriades de jeunes poissons empruntés, soit aux espèces de nos rivières, soit aux races étrangères, le Ministre des travaux publics ordonna la fondation d'un établissement de pisciculture, destiné à servir de laboratoire d'expérimentation, de modèle pour les industries privées, et aussi de source de semence, en répartissant généreusement, dans les viviers de ses imitateurs, les œufs et les jeunes poissons fécondés ou éclos dans ses piscines. Cet établissement modèle fut fondé à Huningue, et depuis sa fondation, non-seulement il a constamment répondu au but philanthropique qui a présidé à son installation, mais il a de plus dépassé les prévisions les plus ambitieuses. Les délégués de tous les corps savants de la France et de l'étranger se donnèrent bientôt rendez-vous sur les bords de ses viviers, et des établissements du même genre se fondèrent un peu partout. En Bavière, à Wurtzbourg; en Wurtemberg, près de Ludwisbourg; en Angleterre, près de Perth; en Suisse, à Bâle-Campagne; en Hollande, dans les palais royaux du Bois et de Woss; en Belgique, à Bruxelles. En Irlande, à Loug-Corrib, 260,000 saumons sont éclos, provenant des œufs fournis par l'établissement d'Huningue; le Tay et le Dee en ont reçu chacun 350,000 de même origine.

Enfin en France l'établissement d'Huningue a aussi rencontré d'utiles et intelligents imitateurs; le marquis de Vibraye, au château de Cheverny; le docteur Lamy, dans le parc de Maintenon; le professeur Pouchet, à Rouen; M. Berthot sur le Doubs; et bien d'autres encore, dont les noms nous échappent, ont vu, grâce aux graines animales qu'ils ont reçues d'Huningue et à l'habile emploi qu'ils ont su faire des pratiques qu'on y enseigne, leurs efforts couronnés de succès; enfin tous travaillent aujourd'hui, non-seulement à la multiplication des espèces communes, mais aussi à l'acclimatation d'espèces étrangères recherchées, telles que le fera du Danube, la grande truite des lacs, etc.

Enfin, pour terminer cette longue énumération, il me suffira de dire que les sociétés françaises et étrangères en rapport avec l'établissement d'Huningue étaient, en 1858, au nombre de 73; que les demandes d'œufs adressées à cette époque montaient à 259, ce qui fait plusieurs millions d'œufs d'espèces diverses, et que leur nombre a plus que doublé aujourd'hui.

Mais ces résultats, tout magnifiques qu'ils sont, ne suffisaient pas au savant et infatigable promoteur de ces merveilles. Détruits par une pêche abusive et par l'incurie de leurs détenteurs, les bancs d'huîtres de notre littoral disparaissaient peu à peu, réduisant ainsi à la misère des milliers de familles qui trouvaient dans cette pêche leurs moyens d'existence, et éloignant de plus en plus de la carrière maritime la génération actuelle, l'espoir de notre marine et de nos forces navales. Le moment n'était pas loin où la France allait se trouver tributaire de l'étranger pour ce mollusque si généralement recherché.

En 1858, dans un éloquent rapport, M. Coste démontrait à la fois, et les causes de l'appauvrissement progressif de nos bancs d'huîtres, et la possibilité de les mettre, pour ainsi dire, en culture, et d'y préparer, pour les années à venir, une riche et perpétuelle moisson. Il indiquait les moyens simples et peu coûteux d'arriver à ce magnifique résultat. Mis à même, par la munificence du chef de l'État, d'expérimenter dans la baie de Saint-Brieuc ses procédés pour le repeuplement de nos huîtrières, l'année suivante, en 1859, dans un second rapport, il relatait les résultats déjà acquis, et envoyait à Paris, pour la mettre sous les yeux de l'Empereur, une fascine retirée des fonds ensemencés par lui, et où le bois disparaissait en entier sous la prodigieuse accumulation de jeunes huîtres qui s'y étaient déposées. Enfin, la même année, il repeuplait la plage complétement aride du bassin d'Arcachon, et y obtenait des résultats tellement décisifs, tellement merveilleux, que le repeuplement de tout notre littoral, celui des côtes de la Méditerranée et des grands lacs salés qui l'avoisinent n'est plus aujourd'hui une espérance, mais bien un fait presque accompli.

Tel est, en quelques mots, le résumé, fort incomplet sans doute, des progrès et des résultats de la pisciculture moderne. Si j'ai passé, un peu légèrement peut-être, sur les derniers travaux de M. Coste pour le repeuplement de notre littoral, c'est que d'abord l'ostréiculture ne rentre point dans le cadre que je me suis tracé, et qu'ensuite la grande voix de la publicité les a déjà fait connaître et admirer. Le but final de ce court historique n'est pas tant de retracer pas à pas la route suivie par cette science et ses promoteurs, que de fournir aux incrédules les preuves convaincantes que des pratiques perpétuées de toute antiquité chez les Chinois, qui datent chez nous des premiers temps de l'ère chrétienne, et que de nouvelles et triomphantes expériences viennent de consacrer de nouveau, ne sont point les fruits des utopies d'un naturaliste, mais bien les résultats d'une science éminemment pratique et féconde, que l'on ne saurait aujourd'hui trop étudier et populariser, aussi bien dans un grand intérêt humanitaire que dans un but tout personnel.

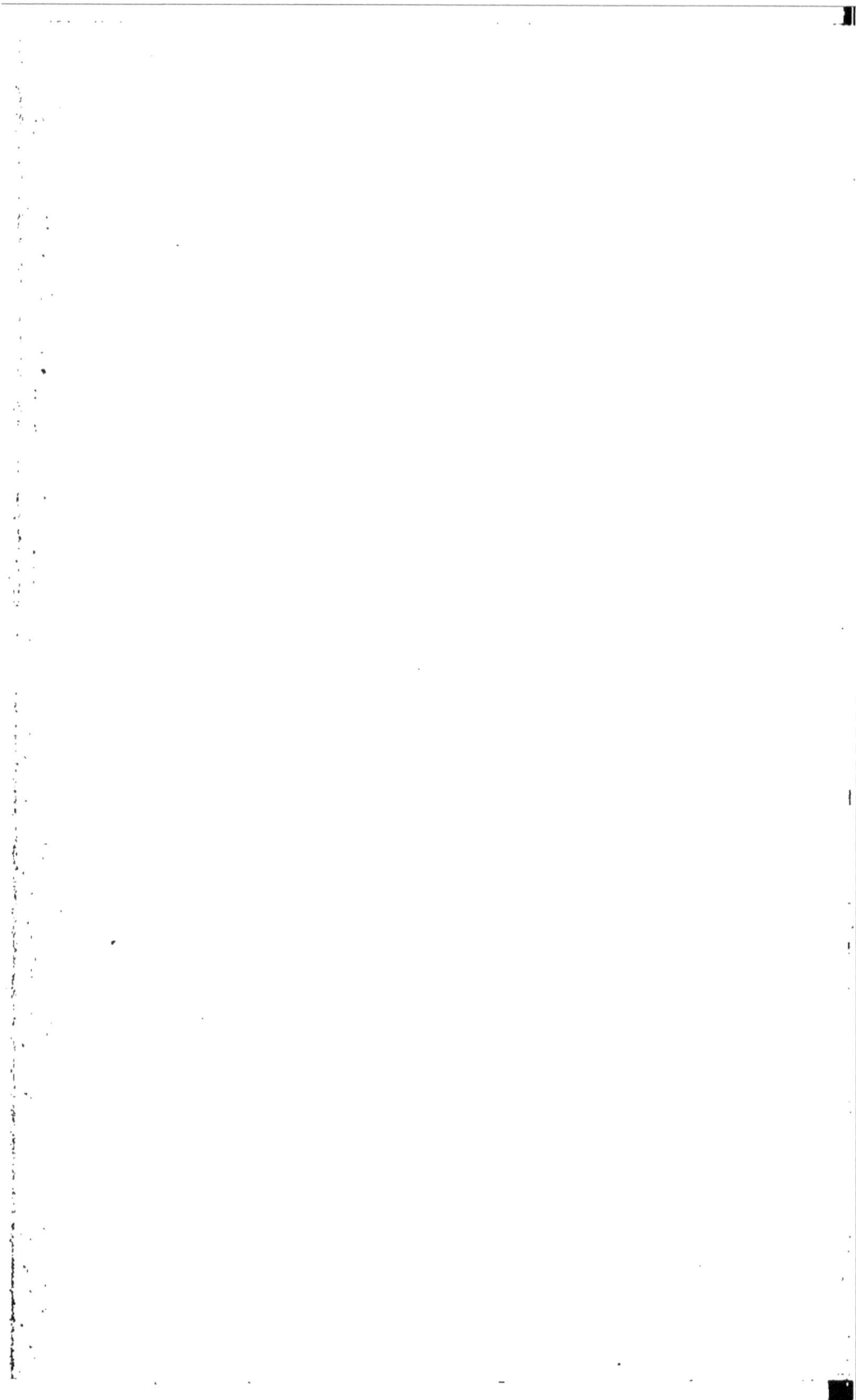

HISTOIRE NATURELLE DES POISSONS.

———

Les poissons sont des animaux à sang rouge et froid, essentiellement aquatiques, dont toute l'organisation est modifiée de manière à vivre dans l'eau et y nager. Comme les quadrupèdes et les oiseaux, ils ont un cœur chargé de distribuer le sang dans toutes les parties du corps, mais ce cœur ne renferme que deux cavités, et ne reçoit jamais que du sang noir ou sang veineux, c'est-à-dire du sang qui, ayant déjà perdu ses propriétés vitales pendant son parcours dans les organes qu'il est chargé de nourrir, a besoin, pour se révivifier, d'être mis en contact avec l'air par l'acte respiratoire. Le cœur, chez les poissons, envoie donc le sang dans l'appareil de la respiration ; de là, ce sang , vivifié et suivant l'impulsion première, se répand dans tout le corps, pour revenir ensuite au cœur, son point de départ. Les poissons étant appelés à vivre exclusivement dans l'eau , leur appareil respiratoire est profondément modifié. Ils n'ont point de poumons, mais des branchies ; on désigne sous ce nom des lames saillantes juxtaposées, ordinairement au nombre de quatre de chaque côté du cou ; ces lames, recouvertes par une pièce souvent mobile, nommée opercule, et mises en communication avec le dehors par la fente des ouïes, sont formées par un réseau de petits tubes capillaires respirateurs. L'eau des rivières ou de la mer contient en dissolution une notable quantité d'air atmosphérique ; les réseaux capillaires des branchies, baignés par l'eau, absorbent cet air et lui restituent l'acide carbonique résultant de la respiration. De là vient qu'un poisson ne peut vivre que dans de l'eau saturée d'air, et que, mis dans une eau qui en a été privée, par une ébullition préalable ou par d'autres moyens, il est asphyxié aussi sûrement que l'homme plongé dans l'eau ou privé d'air. Les organes moteurs des poissons sont les nageoires ; la queue, ou nageoire caudale, sert de gouvernail et aussi d'organe de progression ; son jeu est ordinairement complété par des nageoires placées sur la ligne médiane supérieure (nageoire dorsale) et sur la ligne médiane inférieure (nageoire anale) ; enfin deux nageoires antérieures, nommées pectorales, remplacent les membres antérieurs, et deux nageoires ventrales tiennent lieu des membres postérieurs.

Certains poissons, comme la carpe, le hareng, le brochet, sont osseux, c'est-à-dire ont un squelette formé d'un grand nombre de petits os ou arêtes ; d'autres, comme la lamproie, la raie, l'esturgeon, ont pour charpente intérieure une substance gélatineuse, flexible, élastique, on les nomme poissons cartilagineux.

Les poissons sont ovipares; c'est-à-dire pondent des œufs qui, après un laps de temps variable selon les espèces, donnent naissance à de jeunes poissons capables déjà de se suffire à eux-mêmes.

Le nombre des œufs que pond, chaque année, une femelle de poisson est considérable; on a compté dans la femelle de

La morue.	9,300,000	œufs.
La carpe.	200,000	—
Le carrelet.	1,300,000	—
Le brochet.	42,000	—
L'éperlan.	38,000	—
L'esturgeon.	7,500,000	—
Le hareng.	36,000	—
La perche.	300,000	—
La sole.	100,000	—
La tanche.	350,000	—

Mais la fécondation des œufs ne demande ni accouplement ni rapprochement des deux sexes. Lorsque l'heure de la ponte est venue, la femelle, suivant l'instinct spécial de chaque espèce, choisit au fond de l'eau, soit les plantes marines où ses œufs pourront le plus aisément s'attacher, soit le fond sablonneux et propre qui lui semble le plus propice, et elle y dépose ses œufs ; puis, délivrée de son fardeau, elle repart légère et sautillante, sans s'inquiéter autrement de ce que deviendra sa nombreuse famille. Cette masse d'œufs, déposée au fond des eaux, attire à elle le mâle de même espèce, et celui-ci, à son passage, dépose quelques gouttes de la laitance qu'il contient, et qui suffisent pour les féconder. Mais tant s'en faut que les millions de petits poissons qui doivent en naître puissent arriver eux-mêmes à l'âge adulte. Les œufs offrent une proie friande aux poissons des autres espèces, et souvent à ceux de la même famille ; à peine si quelques jeunes individus échappés à la voracité des races carnivores peuvent atteindre une taille suffisante pour pouvoir avec succès fuir le danger ou résister à leurs ennemis. Ajoutons à ces causes naturelles de destruction celles que l'industrie humaine multiplie comme à plaisir, soit par des pêches inintelligentes, qui, faites au moment des éclosions, enlèvent ou détruisent sans profit des milliers de jeunes poissons, soit par l'emploi de filets traînants qui, labourant le sol, brisent et arrachent les herbes marines, refuge de la génération nouvelle, et écrasent dans leurs mailles serrées les œufs et le fretin récemment éclos, soit encore par l'établissement d'usines ou de fabriques dont les rouages moteurs forment des barrages qui interceptent tout passage aux poissons ou les écrasent par milliers, ou dont les produits pestilentiels empoisonnent les eaux et les rendent impropres à la vie des espèces qui les fréquentent, et l'on comprendra comment la prodigieuse fécondité des poissons est cependant insuffisante au repeuplement de la plupart de nos cours d'eau, alors qu'elle devrait nous assurer une source permanente de richesse, et une saine et abondante alimentation.

La classification complète des poissons est extrêmement compliquée et sort des limites et du cadre de ce petit ouvrage; nous nous bornerons donc à donner les caractères et les noms des familles auxquelles appartiennent les espèces principales, celles dont la multiplication et la culture présentent le plus d'intérêt et d'utilité.

1er ORDRE. *Acanthoptérygiens.* — Cet ordre renferme quinze familles, parmi lesquelles les principales espèces d'eau douce, considérées sous le point de vue de la pisciculture particulière, sont :

Les *percoïdes*, parmi lesquels on remarque la *perche commune* (*perca fluvialis*) de nos eaux douces et courantes. On la reconnaît à sa bouche largement fendue, à sa nageoire dorsale longue, forte et piquante. Son dos a la couleur et l'éclat de l'émeraude et porte cinq bandes transversales noires; le ventre est nacré. Elle ne parvient au plus qu'à la longueur de 0^m,60 et au poids de 2$^{kilog.}$,5; sa chair est exquise. Elle est extrêmement sauvage et craintive; elle nage avec vélocité et en troupes nombreuses dans nos rivières et même dans nos ruisseaux, et disparaît au moindre bruit. Très-vorace et carnas-

4

sière, elle dévore les espèces plus petites.

Le *bar commun* est une perche marine abondante dans la Méditerranée, et que l'on pourrait aisément acclimater dans les étangs salés.

A la même espèce appartiennent les épinoches, poissons peu comestibles, mais curieux, qui se construisent, au fond des eaux, des nids comparables à ceux des oiseaux; puis le thon et le maquereau, espèces marines très-importantes, mais dont nous n'avons point à nous occuper ici.

2e ORDRE. *Malacoptérygiens abdominaux*, parmi lesquels on remarque : les *cyprinoïdes*, dont le type est la carpe (*cyprinus carpio*).

La *carpe* est originaire des eaux méridionales; c'est par de grands soins qu'on est arrivé à l'acclimater dans les rivières du nord de l'Europe : la dernière limite où on la rencontre est le Danemark. La carpe peut vivre dans toutes les eaux douces et peu courantes; dans les lacs et les bassins où l'eau ne se renouvelle que lentement, sa chair acquiert une saveur plus recherchée. Il n'est pas rare d'en trouver du poids de 15 kilog., et l'on pourrait sans peine en citer de fameuses par leur poids phénoménal et leur longévité ; qu'il nous suffise de rappeler celle qui fut pêchée en 1711 à Bischofhouse, près de Francfort-sur-l'Oder : elle avait 3 mètres de long, 1 de haut, et pesait 35 kilog. La carpe se nourrit de larves d'insectes, de graines, de racines et de jeunes pousses de plantes ; elle mange fort bien les végétaux succulents et tendres qu'on lui jette, et saisit les insectes qui rasent la surface de l'eau. En hiver les carpes s'enfoncent dans la boue et y restent sans prendre de nourriture jusqu'au printemps ; elles sortent alors et recherchent les endroits ombragés, les anfractuosités des rochers, les touffes d'herbes aquatiques, et y déposent leurs œufs.

Le *barbeau* est un poisson qui a quelques rapports avec le brochet, et se reconnaît surtout à quatre barbillons, deux au cou et deux à la mâchoire supérieure. Les lèvres sont rouges, charnues et extensibles, peu fendues, comme dans les goujons, les tanches et les ablettes ; le dessus du corps est d'une teinte olivâtre, les flancs bleuâtres, le ventre argenté ; les yeux petits, à iris doré ; les narines à double orifice. Il habite les eaux claires et vives des rivières de l'Europe et de l'Asie, préférant surtout celles qui coulent sur un fond de cailloux, et fréquentant rarement les lacs. Il aime à se cacher parmi les pierres et sous les saillies du rivage ; c'est sous cette sorte de toit avancé, dans une paisible retraite tapissée de plantes aquatiques, qu'il vient au printemps établir sa demeure et déposer ses œufs, ou que, pendant l'hiver, lorsque les fleuves charrient des glaçons, on les voit se réunir à douze, quinze, et quelquefois cent de même espèce, se choisissant ainsi un abri contre le froid. Ce poisson n'atteint ordinairement qu'une taille médiocre et le poids de 1 à 2 kilog. Il est fort répandu en France, mais surtout dans le Danube, où il forme quelquefois des bancs si serrés, qu'on peut le prendre à la main. Il se nourrit de mollusques, de vers, d'insectes, de plantes en décomposition ; aussi sa chair a souvent une saveur vaseuse et est, en conséquence, peu recherchée; mais nul doute que, élevé dans des conditions favorables, et mis à l'abri des causes qui peuvent altérer la saveur de sa chair, il ne puisse devenir un aliment aussi estimé que la carpe et la tanche.

La *tanche* est un poisson d'environ 30 cent. de long, qui pèse quelquefois jusqu'à 3 kilog. On la voit souvent, dans nos rivières, bondir hors de l'eau pour saisir quelque insecte au passage. On reproche avec raison à sa chair d'être lardée de tant d'arêtes qu'elle ne vaut guère la peine que l'on se donne pour la manger; néanmoins, comme rien ne démontre jusqu'ici que les poissons ne sont pas susceptibles de perfectionnement par l'éducation, de même que les animaux domestiques, on aurait peut-être tort de dédaigner un poisson du poids de celui-ci, et fort abondant dans nos rivières.

L'*ablette* et le *goujon* sont deux espèces très-petites, qui fréquentent en grand nombre

4.

nos rivières. Connu de tout le monde, car il est la proie habituelle des pêcheurs à l'hameçon, le goujon est assez estimé comme comestible; mais l'ablette, fort peu estimée pour sa chair, est recherchée pour les écailles argentées qui la recouvrent, et qui servent à faire l'enduit intérieur des perles fausses. La nacre que fournit l'ablette est devenue, depuis près de soixante ans que l'on est parvenu à la conserver par des procédés chimiques, une source de fortune pour les fabricants de parures en imitation de perles fines.

Un poisson de la même famille, mais qui, à l'inverse du précédent, n'est nullement recherché pour ses écailles, disparues pour ainsi dire, mais bien pour la délicatesse de sa chair, c'est l'*éperlan*. Long de 7 à 15 centimètres, son corps est allongé, sa mâchoire garnie de dents nombreuses et écartées; vers le printemps il remonte de la mer et de l'embouchure des grands fleuves dans nos rivières, poussé par l'instinct qui le porte à déposer ses œufs sur les fonds sablonneux les eaux douces fluviales. A cette époque, la pêche de ce poisson peut être très-abondante, et, en protégeant la reproduction de cette espèce, on peut en centupler le produit pour les années suivantes.

Le *brochet* est un poisson à la chair ferme et savoureuse; sa voracité en fait un hôte redoutable pour les habitants des eaux qu'il fréquente; c'est, pour ainsi dire, le requin de nos lacs, dévorant avec avidité les rats, les grenouilles, les jeunes canards et tous les poissons qu'il rencontre; sa présence dans un étang suffit pour le dépeupler en peu de temps, car il ne craint pas de s'attaquer aux espèces d'une taille supérieure à la sienne.

Le brochet a, d'ordinaire, de 1^m à $1^m,50$ de long; on en trouve néanmoins, mais rarement, qui ont des dimensions supérieures; on a pris, près de Manheim, un brochet long de $6^m,30$, et pesant 75 kilog.; un anneau de cuivre doré, que portait ce géant, le faisait remonter au règne de Frédéric II, qui fit empoissonner, en 1262, l'étang où on le pêcha ; il avait donc alors, environ deux cent soixante-sept ans.

Très-recherché comme aliment, ce superbe poisson peut devenir une source de richesse pour ceux qui parviendraient à le multiplier, d'autant plus que sa croissance est très-rapide. Mais sa voracité interdit la vie commune entre cette espèce et les autres habitants des eaux douces ; et, lorsqu'on élève des brochets, on doit avoir grand soin de les renfermer dans des caisses percées de trous, qui les isolent des autres poissons, tout en laissant un libre passage pour le renouvellement de l'eau. Néanmoins, et c'est une preuve de plus à l'appui des procédés de multiplication artificielle des poissons, il arrive quelquefois que leurs œufs, agglutinés entre eux, et transportés au dehors, ou sont avalés par des oiseaux qui, vu leur propriété purgative, les rejettent bientôt, ou s'attachent aux pattes des oiseaux aquatiques, le héron entre autres, et sont ainsi répandus au

loin dans des bassins où la présence du poisson qui en naît ne tarde pas à se révé-
ler par de graves et incompréhensibles ra-
vages.

Nous voici arrivé à une espèce précieuse,
dont la pêche et l'élève font la fortune des
propriétaires des pêcheries de l'Irlande et de
l'Angleterre; je veux parler des *salmones*. Ce
sont le *saumon* ordinaire, ou du lac de Con-
stance, la *truite* de la Baltique et de certains
lacs de l'Autriche, la *truite ériox*, la *truite
saumonée*, la *truite commune*, la *truite brune*,
la *truite des montagnes* et le *huche*.

Tous les poissons de ce genre sont carnas-
siers, et vivent la plupart dans les eaux
douces; ils recherchent, en général, les plus
pures et les plus vives, celles qui coulent sur
un fond de sable, ou qui s'échappent en cas-
cade au milieu des rochers. Ils nagent avec
la plus grande facilité, et luttent avec avantage contre les courants les plus rapides.
Leur instinct les pousse, à certaines époques,
celle du frai entre autres, à remonter les

cours d'eau pour rechercher vers leur source des endroits favorables à la ponte; rien ne les arrête alors, les rapides, les cascades les plus élevées sont franchis par eux, pourvu que quelques saillies de roches, formant comme des échelons naturels, leur offrent çà et là des points d'appui et de repos. On les voit alors s'élancer hors de l'eau par un saut prodigieux, et de saillie en saillie franchir enfin un obstacle insurmontable pour les autres espèces. Le saumon est un poisson très-estimé; sa chair, d'une couleur rosée, est grasse, savoureuse et très-nourrissante. Il habite presque toutes les mers du nord de l'Europe, de l'Asie et de l'Amérique; il est très-commun sur les côtes de l'Angleterre, et dans les eaux de la Baltique et de la mer Caspienne. Mais l'eau douce lui est indispensable dans sa jeunesse et à l'époque de la reproduction.

Les jeunes saumons, au moment de l'éclosion, portent une vessie ventrale très-volumineuse, qui les rend lourds et impropres à la nage; à mesure de leur croissance cette vessie se résorbe, disparaît, et alors le jeune poisson descend, guidé par son instinct, vers l'embouchure du fleuve où il a vu le jour, et se rend à la mer; là il trouve en abondance une nourriture animale appropriée à sa taille et à ses besoins, il grandit rapidement, et, lorsque l'époque du frai arrive, il revient, de lui-même et sans hésitation, dans les eaux qui l'ont vu naître; c'est à ce moment que l'on voit les saumons remonter, en troupes souvent considérables, les eaux de nos fleuves, franchir les digues et les cascades par l'élan qu'ils se donnent en se courbant en cercle, la tête rapprochée de la queue, et en détendant tout à coup celle-ci. Si l'obstacle est trop élevé, on les voit alors s'épuiser en efforts infructueux, et mourir épuisés de fatigue, plutôt que de renoncer à suivre la voie où leur instinct les pousse.

Le saumon est timide et craintif; les bruits violents, le son des cloches l'effrayent et le mettent en fuite; il évite même les rivières dont les bords sont garnis de maisons. Il choisit de préférence les ruisseaux dont les eaux peu profondes et vives coulent sur un lit de cailloux, et sont ombragées par les arbres de la rive. Mais, quoique ce poisson soit marin pendant une grande partie de sa vie, on peut néanmoins le conserver et l'élever dans des bassins d'eau douce, pourvu que l'eau y soit fraîche et fréquemment renouvelée. Reproduit par la fécondation artificielle et nourri dans des réservoirs, même de peu d'étendue, il pourra devenir un jour une branche importante de commerce.

Ce que nous avons dit du saumon est également vrai pour ses congénères, la truite commune et la truite saumonée, sauf pourtant le voyage et le séjour annuel à la mer.

La *truite saumonée,* que l'on peut produire artificiellement par le croisement du saumon et de la truite commune, c'est-à-dire en fécondant des œufs de truite par la laitance du saumon, est très-recherchée pour le goût exquis de sa chair, ferme et rougeâtre comme celle du saumon ; elle atteint parfois un poids de 4 à 5 kilogrammes.

La *truite commune* se rencontre presque partout, elle pèse au plus un demi-kilogramme. La *truite brune*, et celle *des montagnes*, qui se trouve jusqu'au pied du mont Cenis, sont toutes deux des poissons très-délicats et estimés, faciles à reproduire et à multiplier dans les cours d'eau des contrées montagneuses.

Le *huche*, dont la chair est moins délicate, acquiert une taille de 2 mètres et plus ; il habite le Danube, les grands lacs de la Bavière et de l'Autriche, les fleuves de la Russie et de la Sibérie.

Tous les poissons des espèces précédentes peuvent, comme le saumon, se reproduire artificiellement et se cultiver dans des bassins spéciaux, avec la même facilité et le même succès que les moutons dans une étable et les poules dans une basse-cour. Leur croissance rapide assure à l'éleveur une prompte et large rémunération de ses peines et de ses dépenses.

A la même famille appartiennent les harengs, les aloses, et les anchois, espèces comestibles et recherchées, mais qui, essentiellement marines, sortent du cadre de cet ouvrage.

3e ORDRE. La famille suivante, celle des *malacoptérygiens subrachiens*, ne nous offre que des poissons marins, tels que la morue, le merlan, la sole, le turbot, la limande, le carrelet, la barbue, poissons très-estimés, qui forment la base des pêches maritimes, mais qu'il nous suffit de nommer, car de bonnes lois sur la pêche sont le meilleur et le seul moyen efficace pour en favoriser la multiplication et en empêcher la destruction.

4e ORDRE. La famille des *malacoptérygiens apodes* ne nous offre qu'une espèce utile et importante, c'est l'*anguille*, que tout le monde connaît. Très-répandue dans presque toutes les eaux de la France, l'anguille peut atteindre la taille colossale de 2 mètres, et peser jusqu'à 10 kilog. Ce poisson est vivipare, c'est-à-dire que les œufs éclosent dans le sein même de la mère, et naissent vivants et tout formés; aussi ne connaît-on point d'œufs d'anguilles; mais, à l'époque du frai, on voit, à la surface des eaux que fréquentent ces poissons, des myriades de petites anguilles, longues de quelques millimètres au plus, et qui flottent en si grand nombre, que d'un coup de filet à mailles serrées on en enlève plusieurs milliers. Cette masse de chair vivante remonte le cours de l'eau, s'introduit dans tous les affluents; et, recueillie et aménagée dans des réservoirs spéciaux, elle peut servir à les peupler d'une innombrable génération d'anguilles, qui atteignent rapidement la taille comestible, et une valeur vénale qui en rendrait l'exploitation très-fructueuse.

Toutes les eaux, à peu près, conviennent à l'anguille, mais elle préfère surtout les fonds vaseux, où elle peut s'enfouir aisément, et qui fournissent en abondance les vers et les petits crustacés dont elle fait sa nourriture. Elle passe l'hiver engourdie sous la vase, et dans les trous des rochers, où l'on peut alors la prendre aisément à la main.

L'anguille de mer, ou *congre*, appartient à la même famille, mais atteint une taille bien supérieure. Cette espèce peut vivre et se développer dans les eaux peu salées, et même dans l'eau douce, et son acclimatation dans nos lacs pourrait devenir une source de richesse.

Nous terminons l'énumération sommaire des espèces dont l'élève facile offrirait de nombreux avantages par la description d'un poisson très-recherché, dont toutes les parties sont utiles, et forment dans certains pays une branche importante de commerce ; nous voulons parler de *l'esturgeon*. Ce poisson, classé parmi les poissons cartilagineux, car il n'a point de squelette osseux, atteint assez communément la taille de 6 mètres ; peu connu dans nos pays, on estime beaucoup, dans l'Europe orientale, *l'esturgeon ordinaire*, le *petit esturgeon* et le *sterlet;* leurs œufs servent à la confection du caviar, condiment recherché des peuples du Nord, leur vessie natatoire fournit l'ichthyocolle, ou colle de poisson, que l'on extrait aussi de leurs os cartilagineux.

C'est surtout le grand esturgeon du Danube, du Don, du Volga, qui fournit ces derniers produits. Vivant dans la mer, l'esturgeon remonte les fleuves pour y déposer ses œufs; comme le saumon il naît dans les eaux douces, et y revient chaque année; il est donc présumable que, comme celui-ci, il pourrait s'y acclimater, et y atteindre une taille très-suffisante pour le commerce. Sa chair est très-estimée dans certains pays; en Chine, c'est un mets spécialement réservé à la table impériale. Fumé et salé, il peut servir à confectionner d'utiles conserves. Ce poisson est carnivore, ses mets préférés sont les mollusques, les vers, et aussi les petits poissons qu'attirent les vibrations continuelles des barbillons dont sa bouche est garnie. Il se trouve dans presque tous les fleuves du Midi, et pendant six mois il est, dans la Garonne, l'objet d'une pêche active.

Tels sont, mais bien incomplets, les principaux documents sur l'histoire naturelle des poissons que nous avons cru devoir donner à nos lecteurs. Vouloir aller plus loin eût été entreprendre une tâche en dehors du cadre de cet ouvrage, et que d'autres ont accomplie, avant nous, d'une façon qui ne laisse rien à désirer ; il me suffira de citer, à ce sujet, les remarquables écrits de M. Coste sur l'histoire naturelle et les mœurs des poissons ; là, ceux qui voudront faire une étude approfondie de la pisciculture trouveront en grand détail l'historique des diverses espèces sur lesquelles l'industrie humaine peut agir avec avantage. Quant aux documents qui précèdent, ils suffiront, et au delà, à ceux pour qui ce livre est fait, c'est-à-dire à ceux qui voudront avoir une idée précise d'une science appelée un jour à rendre d'immenses services à l'Europe, et qui voudront expérimenter, dans un but de curiosité ou d'utilité personnelle, les procédés divers que nous allons faire connaître.

PROCÉDÉS DE MULTIPLICATION.

Comme l'indique le nom sous lequel on l'a désignée jusqu'ici, la pisciculture est une science qui a pour but la culture du poisson. Quelque étrange que semble cette définition, elle est rigoureusement exacte, et le mot *culture*, spécialement réservé à l'exploitation du sol, est ici le mot propre. Quel autre terme, en effet, pourrait mieux symboliser un ensemble de pratiques telles que la préparation préalable du cours d'eau destiné à devenir le champ de production, l'ensemencement à volonté, le transport facultatif, à de grandes distances, des germes reproducteurs,

la fécondation par la main de l'homme, la
surveillance et la protection intelligente
des germes pendant leur développement,
puis enfin la récolte des produits ? Telles
sont, en effet, les opérations diverses qui
constituent la pisciculture, et qui en font une
science aussi sûre, aussi pratique, et, disons-le,
aussi féconde que l'agriculture.

Les procédés divers qu'emploie le pisciculteur peuvent se partager en deux ordres,
les procédés naturels et les procédés artificiels ; de là aussi, dans la science, deux branches bien distinctes, la pisciculture ou multiplication *naturelle*, et la pisciculture ou
multiplication *artificielle*.

Dans la pisciculture naturelle, les forces
agissantes de la nature et les instincts des
diverses espèces sont seuls mis en jeu ; et le
rôle du pisciculteur est simplement pré-
voyant et protecteur, il se réduit à faire
naître les circonstances favorables à l'éclosion, au développement et à la reproduction
des divers habitants de nos eaux, et à écar-

ter les circonstances défavorables et les causes de maladie ou d'émigration. La nature est tout ici, l'art n'y est pour rien.

Dans la pisciculture artificielle, au contraire, l'art entre pour beaucoup ; dès avant sa naissance, en effet, le poisson est déjà placé hors des conditions naturelles ; la ponte, la fécondation et l'éclosion des œufs, puis le développement et l'alimentation du jeune poisson, tout est l'œuvre du pisciculteur. Il peut varier à son gré les conditions de lieu, de temps, de proportion ; produire, par des métisations facultatives, des espèces nouvelles ; transporter où bon lui semble les espèces connues, et en peupler les eaux où elles n'ont antérieurement jamais vécu.

Bien distincte, dans le principe, de la pisciculture naturelle, cette seconde branche s'y réunit ensuite, et se soumet aux mêmes lois, dès que le poisson est devenu assez fort pour se suffire à lui-même. Rentré ainsi dans les conditions normales, il n'exige plus du pisciculteur qu'une protection indirecte et des soins moins incessants.

Nous étudierons successivement ces deux branches de la pisciculture.

PISCICULTURE

OU MULTIPLICATION NATURELLE.

Dans cette branche de l'art qui nous occupe, le rôle du pisciculteur est, avons-nous dit, exclusivement protecteur ; il se réduit à faire naître les circonstances favorables, et à écarter, ou du moins à atténuer, celles qui sont nuisibles. La première notion à acquérir est donc la connaissance de ces circonstances diverses, et nous commencerons par un exposé général de celles qui, étant mortelles aux populations aquatiques, doivent être soigneusement évitées, car leur suppression suffirait déjà à elle seule à repeupler, en peu d'années, tous les cours d'eau de la France, et la connaissance approfondie de ces causes de destruction constitue déjà en grande partie la science du pisciculteur.

CHAPITRE PREMIER.

CIRCONSTANCES NUISIBLES.

1° *Présence et voisinage des usines.* — S'il est une cause puissante et fatale de destruction pour le poisson de nos rivières, c'est à coup sûr celle-là. Partout où les usines versent les résidus de leur fabrication dans les cours d'eau qui les avoisinent, la stérilité ne tarde pas à se produire; en effet, tandis que les unes mêlent constamment aux eaux de nos rivières la chaux brûlante, les eaux chlorurées et ammoniacales provenant de la fabrication du gaz ou des produits chimiques, les résidus des tanneries, les vinasses des dis-

6

tilleries, les eaux de teinture, toujours chargées de sels métalliques vénéneux, les autres
construisent des barrages qui, rendant les
eaux stagnantes, leur font acquérir en été
une température brûlante, envasent les fonds,
y occasionnent des dépôts de matières végé-
tales en putréfaction, mortelles pour le poisson, mortelles souvent aussi pour l'homme
lorsqu'il en respire les émanations délétères;
d'autres enfin, prenant dans les eaux mêmes
leur force motrice, y établissent des appareils hydrauliques, véritables piéges où le
poisson se précipite, et d'où il ne sort que
mutilé ou mort, et qui, dans tous les cas,
forment des obstacles infranchissables pour
les espèces voyageuses, et les obligent à une
émigration définitive. Enfin, lors même qu'un
établissement industriel n'aurait aucun des
dangers ci-dessus, il n'en reste pas moins le
bruit assourdissant de la plupart de nos fabriques, bruit qui suffit à lui seul à éloigner
pour toujours le poisson de leur voisinage.

2° *Pratiques nuisibles.* — Parmi les habitudes répandues dans nos campagnes, une des plus nuisibles est, à coup sûr, le rouissage du lin et du chanvre dans les cours d'eau. En effet, les principes âcres et narcotiques contenus dans les sucs de ces plantes se dissolvent dans les eaux, étourdissent le poisson, le frappent comme de vertige, rendent stériles tous les œufs qu'ils rencontrent, et chassent au loin les espèces voyageuses, qui désertent alors pour toujours ces parages.

Il faut en dire autant de l'habitude de laver le linge immédiatement dans les rivières ; les sels de potasse contenus dans le savon et employés au blanchiment des étoffes, sans effet peut-être sur le poisson adulte, sont mortels pour les embryons et les œufs récemment fécondés.

Enfin l'on ne saurait trop blâmer les riverains, dont l'incurie frappe souvent de stérilité l'eau qui baigne leurs domaines et qui pourrait être pour eux la source d'un revenu assuré, ou du moins d'une alimentation saine et variée; ils y abreuvent et baignent leurs bestiaux, les laissent çà et là piétiner les fonds et écraser sous leurs pieds des frayères chargées d'œufs, détruire les abris et les refuges des jeunes poissons, ou rendre l'eau bourbeuse et asphyxiante. Ou bien encore, ils laissent envahir les bords et les fonds du cours d'eau par une végétation trop abondante, qui, couvrant les eaux d'une ombre persistante, intercepte le soleil, y entretient une température souvent trop froide, et, par la chute continuelle des feuilles mortes et des débris divers, y développe de pernicieux principes de putréfaction. L'excès contraire est, du reste, également nuisible, et l'absence d'arbres et de végétaux sur le bord des eaux peu profondes a pour fâcheux résultat de laisser les eaux acquérir pendant l'été une température trop élevée, qui chasse le poisson ou le tue.

3° *Pêche abusive et travaux nuisibles.* — Il existe malheureusement une corrélation fatale entre la diminution de la population de nos rivières et les progrès des moyens employés pour en accélérer la destruction : à mesure

que le poisson disparaît, l'homme emploie
son intelligence à multiplier et à perfection-
ner les engins destructeurs. De là ces filets
traînants, ces barrages mobiles que l'on pro-
mène le long des rivières, arrachant ainsi du
sol les plantes aquatiques chargées du frai,
espoir de la génération suivante, et écrasant
dans leurs lourdes mailles des myriades de
jeunes poissons chassés de leurs asiles, laissant ainsi derrière eux, en échange du gain
chétif d'un instant, la dévastation et la stérilité. De là ces procédés absurdes et meur-
triers, ces empoisonnements par les sucs d'eu-
phorbe ou d'autres substances vénéneuses,
qui tuent ou étourdissent le poisson et le
livrent ainsi sans défense à la cupidité irré-
fléchie du pêcheur. De là encore ces filets
tendus, à certaines époques, au pied des
chutes d'eau et des barrages, et où viennent
se faire prendre par milliers de jeunes individus des espèces voyageuses, que l'on dé-
truit ainsi sans profit pour personne. L'abondance en est telle, en effet, aux époques de

6.

leurs migrations, que dans certaines contrées on est obligé d'en nourrir les animaux.

Mais tout cela ne serait rien encore, et la richesse de nos pêcheries n'en serait pas moins immense, malgré toutes ces causes de destruction réunies, tant est grande la fécondité et la force reproductrice des poissons, sans la plus terrible et la plus efficace de toutes, je veux parler de la pêche et des draguages aux époques du frai. Je n'ignore pas que la loi et la police de nos cours d'eau interdisent la pêche à l'époque présumée de la reproduction ; mais ces lois se fondent, pour la plupart, sur une connaissance inexacte des mœurs des diverses espèces fluviales et des époques de frai spéciales à chacune d'elles ; les époques d'interdiction doivent varier, en effet, suivant les contrées, les rivières et les espèces qui les fréquentent. De plus, il ne suffit pas de respecter, au moment de la ponte, la vie des mâles et des femelles adultes, il faut encore, et surtout, éviter de troubler les œufs dans leur période d'incubation, de déranger et de chasser de

leurs abris les jeunes poissons récemment
éclos, de détruire, soit par des curages in-
tempestifs, soit par toute autre manœuvre,
les lits de ponte recouverts, à ce moment,
d'une couche de germes délicats. La mort de
dix femelles pleines d'œufs serait, à coup sûr,
moins nuisible alors qu'un coup de drague,
que la destruction d'une seule touffe d'herbes
aquatiques.

Les curages, nécessaires dans certains cas,
sont toujours nuisibles du reste, même pra-
tiqués hors de l'époque du frai, s'ils sont trop
complets ou trop étendus. Un curage à fond
suffit pour dépeupler une rivière, en enlevant
d'un seul coup les frayères et tous les germes
qu'elles renferment. Il en est de même des
draguages ; le bouleversement des fonds et la
plus grande activité du courant qui en est le
résultat détruisent les lits de sable et de galets affectionnés par certaines espèces, enlèvent les plantes aquatiques et entraînent au
loin les quelques germes épargnés.

4° *La navigation.* — La navigation à vapeur

est surtout nuisible par l'agitation brusque et profonde qu'elle communique aux eaux; les remous profonds qui se produisent, après le passage d'un bateau à vapeur, agitent violemment les plantes aquatiques qui croissent sur les bords, et qui sont ou des frayères ou des abris pour les jeunes poissons; ils soulèvent les vases qui garnissent le fond, celles-ci troublent momentanément les eaux, puis, en se déposant, recouvrent et étouffent les germes. La navigation à la voile ou par le halage est beaucoup moins funeste, et n'est point, comme la navigation à vapeur, incompatible avec une fructueuse exploitation.

Telles sont, en résumé, les principales causes de l'appauvrissement de nos pêcheries et de la disparition totale des poissons dans certains de nos cours d'eau. A côté de celles-ci, il en est beaucoup d'autres qu'il nous serait impossible de rechercher ou d'énumérer, ce sont les causes spéciales et particulières à certaines contrées ou à certains cours d'eau, ou qui naissent de circonstances di-

verses et fortuites; c'est au pisciculteur à
les reconnaître, en étudiant la région qu'il
exploite, et le chapitre suivant le guidera
dans le choix des circonstances à écarter ou
à favoriser.

CHAPITRE II.

Le premier soin à remplir, pour procéder au repeuplement d'un cours d'eau, est évidemment de faire disparaître les causes qui en ont progressivement amené la stérilité, puis de tout disposer pour offrir au poisson les gîtes les plus favorables à son accroissement et surtout à sa reproduction.

S'il y a des usines dans le voisinage, dans l'impossibilité de les éloigner, du moins faut-il atténuer leurs effets funestes ; ainsi les résidus de fabrication seront, ou enfouis dans la terre s'ils sont solides, ou versés, s'ils sont liquides, dans des fosses creusées à une certaine distance de la rivière, et d'où ils disparaîtront par voie d'absorption ; et si ces liquides vont, en traversant les couches perméables, se mélanger aux eaux de la rivière, ce ne sera du moins que lentement, en bien moindre proportion, et après une filtration qui en aura de beaucoup diminué les propriétés morbides.

S'il y a un barrage, une prise de force, on peut, par un petit canal de dérivation commençant plus haut que le barrage et venant rejoindre le cours d'eau à une certaine distance au-dessous de celui-ci, ménager au poisson un filet d'eau courante et un chemin paisible, qu'il connaîtra bientôt et suivra de préférence. On verra plus bas un autre procédé, celui de l'échelle à saumon, pour les espèces qui, à l'époque du frai, remontent les rivières, et pour qui les barrages sont des obstacles infranchissables et mortels.

Si, dans le pays, on a l'habitude de faire rouir le lin et le chanvre dans la rivière, il faut faire pratiquer cette opération dans des mares, que l'on pourra remplir à volonté, au moyen d'une saignée et d'une vanne, et d'où les eaux disparaîtront par voie d'évaporation une fois le rouissage terminé.

La difficulté est plus grande pour le lavage du linge, qui constitue une pratique nécessaire et de tous les jours. On pourrait néanmoins remédier aux effets funestes des eaux de savon, en construisant des lavoirs dont les canaux d'écoulement ne déverseraient les liquides dans la rivière que par petites portions, après un long parcours, une filtration à travers des couches de sable, et dans les endroits qui ne servent point de lits de ponte ou de refuges aux embryons.

Il faut distribuer avec intelligence l'ombre et la lumière le long des rives, ménager des endroits ombreux et frais, là où l'eau coule sur un lit de galets ou de sable, parsemé de petites roches, où le poisson cherche un abri pendant les grandes chaleurs, et où certaines espèces établissent, de préférence, leurs frayères; faire, au contraire, des éclaircies

7

dans les endroits profonds, afin que le soleil et l'air puissent vivifier et échauffer librement ces eaux, et favoriser le développement des plantes aquatiques où les poissons blancs viendront déposer leurs œufs.

Enfin il importe de ne troubler en rien le poisson, surtout pendant les époques du frai et de l'éclosion. Les curages à fond et en totalité seront absolument prohibés ; on ne pourra se permettre que des curages locaux et partiels, et seulement lorsque l'état du lit de la rivière l'exigera absolument, et même, dans ce cas, faudra-t-il respecter avec soin quelques touffes d'herbes aquatiques, pour que le poisson privé d'abri et de frayères ne déserte point ces parages. A plus forte raison devra-t-on proscrire les draguages; ou, si les besoins de la navigation les réclament absolument, ne les opérer que successivement et sur des étendues restreintes, et en respectant toujours, autant que possible, les lits de ponte et les frayères.

On devra aussi réglementer sévèrement

les époques de pêche et les instruments employés à cet effet. Les époques où la pêche
sera permise seront celles où le poisson ne
fraye plus, et où les éclosions, les plus tar-
dives même, seront effectuées ; et en cela il
faudra consulter, non-seulement le climat,
mais surtout les espèces qui forment spécialement la population de chaque cours d'eau.
Quoique les époques de frai soient assez
variables suivant diverses circonstances, on
peut cependant les fixer ainsi pour les eaux
de la France : de juin à la fin d'août, pour
les poissons dits blancs, la carpe, la tanche,
le goujon, le meunier, les loches, vérons,
vandoises; du commencement d'avril à la fin
de mai, pour le barbeau, la brème, le sandre,
l'ombre; en février et mars pour le brochet,
et d'octobre en janvier pour la truite, le saumon, la lotte, etc.

Parmi les instruments de pêche, tous les
engins susceptibles de labourer les fonds, de
barrer complétement la rivière, ou d'écraser
le fretin dans leurs mailles doivent être

rigoureusement proscrits; l'abondance des pêches suffira, du reste, pour en faire abandonner l'usage désormais inutile.

Les mesures ci-dessus suffiraient, et au delà, à elles seules, au repeuplement d'un cours d'eau, en permettant la libre et rapide multiplication des espèces qui l'habitent déjà; mais la pisciculture va plus loin : non contente de protéger et de développer les espèces déjà existantes dans nos rivières, elle se propose, en outre, d'y appeler les espèces qui ne les ont jamais fréquentées, ou qui les ont désertées depuis longtemps, chassées par l'incurie et l'ignorance des détenteurs; et aussi de doter à volonté de telle ou telle espèce les eaux encore inhabitées de certains cours d'eau. Tel est le but réel de la pisciculture, but que nous développerons dans les chapitres suivants.

CHAPITRE III.

CHOIX DES ESPÈCES.

———

Le choix des espèces que l'on peut espérer élever avec succès n'est pas indifférent; il dépend spécialement de la nature des eaux, de leur température, et des fonds sur lesquels elles coulent. Une classification détaillée de la composition des eaux et des fonds de nos rivières nous entraînerait beaucoup trop loin, et serait, du reste, superflue; nous nous bornerons aux indications pratiques et générales ci-dessous.

Les eaux peu courantes ou même stagnantes des lacs de nos vallées ou de cer-

taines de nos petites rivières, dont le fond
est vaseux ou marneux, les bords peu ou
point ombragés , la profondeur suffisante
pour que le poisson soit à l'abri des glaces
en hiver, et dont la température, en été,
monte et se maintient à 20 degrés et plus,
conviennent spécialement et exclusivement à
la carpe, la tanche, l'anguille, le brochet, la
perche, le goujon, la loche, le véron, et, en
général, à tous les poissons dits blancs.

Les eaux fraîches et pures des ruisseaux et
des lacs de nos montagnes, celles qui roulent
rapides et peu profondes sur un lit de galets
ou de sable, dont la température ne s'élève
pas , en été, au-dessus de 15 degrés, et où
les espèces précédentes ne pourraient pas
vivre, conviennent particulièrement à la
grande famille des truites et ses variétés; la
truite brune, la truite commune, la grande
truite des lacs, la truite saumonée, le huche
et le barbeau.

Celles de ces mêmes eaux qui se déversent
dans la mer, ou qui sont les affluents d'un

fleuve à peu de distance de son embouchure,
sont excellentes pour le saumon, l'éperlan,
l'alose, l'esturgeon, le congre ; ils viennent
y frayer chaque année, y commencent leur
développement, vont ensuite à la mer chercher une nourriture plus abondante et mieux
appropriée à leurs besoins, et reviennent
annuellement se faire prendre dans les filets
du riverain habile qui a su les attirer dans
les eaux de ses domaines.

CHAPITRE IV.

MULTIPLICATION ET ACCLIMATATION

DES ESPÈCES, FRAYÈRES.

Le choix des espèces qui offrent le plus d'espoir de réussite étant fait, d'après la nature des fonds, la température de l'eau et les familles qui y habitent déjà, le pisciculteur se propose :

1° De multiplier les individus des espèces existantes ;

2° D'en introduire de nouvelles.

Ce double but est atteint au moyen des frayères. Nous désignons sous ce nom les lieux spéciaux et les objets particuliers choisis par le poisson pour y déposer son frai. On peut, en général, dire que pour les poissons blancs, carpe, perche, goujon, etc., ce sont les herbes aquatiques, les brindilles immergées, les pieux fichés dans le fond ; pour les salmonides, saumon, truite, etc., ce sont les lits de gravier et de galets.

Pour multiplier les espèces déjà existantes, il suffit de multiplier les frayères qui leur sont propres. On y arrive, si ce sont des poissons blancs, en respectant les touffes d'herbes aquatiques, en les faisant naître dans les endroits qui en sont dépourvus, dans les endroits profonds et tranquilles où l'éclosion sera protégée contre tout bruit ou trouble extérieur ; et, à défaut de plantes aquatiques, en descendant dans l'eau des fagots de brindilles sèches, maintenus au fond par un lest en pierre, ou encore des gâteaux de gazon un peu dru.

On peut aussi faire, çà et là, des tas de ces pierres calcaires poreuses, employées comme moellons dans certaines constructions, et qui dans l'eau ne tardent pas à se couvrir d'une mousse aquatique abondante, très-propre à servir de frayère, tandis que les anfractuosités et les petites cavernes de ces pierres forment des abris recherchés par les jeunes poissons. Ce genre de frayère est peut-être préférable à tous les autres, bien qu'il exige un temps assez long avant que la végétation aquatique se soit développée en quantité suffisante pour tenter et attirer le poisson. En effet, dans les cours d'eau qui servent à la navigation, et dans lesquels, par conséquent, le fond doit être entretenu par des draguages et des curages désastreux, mais indispensables, on peut, en garnissant les berges d'une espèce de mur en pierre sèche, construit avec des moellons à peine dégrossis et irrégulièrement juxtaposés, ménager au poisson une longue ligne de frayères que rien ne viendra troubler, et qui, de plus, préservera les berges de l'érosion produite par les courants.

Pour les salmonides, saumon, truite, etc., dans les endroits où l'eau est courante et pure, où la température se maintient, en été, entre 10 et 15 degrés, on doit nettoyer les fonds de la vase ou des herbes qui les encombrent, et là établir des lits de galets et de gros gravier, qui, une fois déposés, seront respectés, et seulement renouvelés dans le cas d'un envasement, mais toujours après l'époque du frai et de l'éclosion.

Telles sont les manœuvres préparatoires de la pisciculture; elles suffisent seules et au delà pour les eaux déjà empoissonnées, et il ne faudrait que les continuer pendant quelques années pour que le riverain fût récompensé de ses travaux par une pêche abondante et continue.

On ne saurait donc trop recommander ces soins peu coûteux et peu pénibles aux possesseurs de nos pêcheries et de nos petits cours d'eau, car ils assureraient ainsi aux habitants de nos campagnes une alimentation plus variée et plus saine, à coup sûr, que le lard ou la viande salée base de leur nourriture habituelle, surtout pendant l'hiver;

et ils centupleraient pour eux-mêmes le revenu bien minime qu'ils tirent des pêcheries de l'État, revenu presque toujours nul pour les petites rivières de nos campagnes.

Empoissonnement d'un cours d'eau. — Jusqu'ici la seule méthode employée pour faire naître une population aquatique dans des eaux inhabitées a toujours été d'y jeter quelques individus mâles et femelles des espèces que l'on veut y propager. Ce moyen, lent et coûteux, est loin de réussir toujours. Des individus adultes, déjà affaiblis par la pêche qui les a procurés, dépaysés dans des eaux étrangères, où ils ne rencontrent pas toujours les conditions d'existence auxquelles ils sont habitués, ou meurent, ou fuient le plus souvent, et les quelques rares individus qui s'acclimatent ne donnent lieu qu'à une multiplication lente et peu nombreuse. Le moyen le plus simple, celui qui réussit le mieux, en ce qu'il donne naissance à des milliers de jeunes individus qui, naissant dans les eaux mêmes où ils doivent vivre, s'y acclimatent d'autant mieux que leur développement se fait précisément suivant les milieux où ils se trouvent, est le procédé des frayères artificielles.

Ce procédé est applicable à tous les poissons blancs, carpe, goujon, perche, tanche, véron, vandoise, etc., les seuls salmonides y échappent.

Voici ce procédé.

On construit de diverses manières des frayères artificielles, et l'on varie suivant les localités et les besoins leurs dimensions, leurs formes et leur structure. Les plus simples consistent en un châssis ou cadre construit avec des perches ou des lattes ayant 1 mètre ou 1^m,50 de côté, ces lattes sont liées avec des cordes; au moyen d'autres perches, attachées aux côtés du châssis, on forme une claie plus ou moins serrée, puis on fait, avec des herbes sèches, de la bruyère, des brindilles de bois, des touffes de racines, des petits balais que l'on fixe par la base dans les

vides laissés par les lattes de la claie. Ces
balais forment ainsi des touffes, des petits
massifs drus et serrés, mais isolés entre eux,
et tels que les recherchent les femelles au
moment de la ponte.

On peut encore faire en bois mince une
espèce de caisse plate, dans laquelle on ar-
range des mottes de gazon ou de mousse des
bois, ou bien où l'on tasse des plantes aquatiques arrachées avec la motte de terre qui
les porte. Enfin un simple fagot de brindilles, lié par le milieu avec une corde,
sera encore une frayère suffisante.

Cela fait, un mois environ avant l'époque
présumée de la ponte, on descend ces frayères
dans les eaux auxquelles on veut emprunter
les espèces destinées au repeuplement d'un
autre cours d'eau ; on fixe à leur base un
lest en pierre pour les maintenir au fond,
puis on les dispose sur les bords en pente
douce, dans les endroits que le soleil visite
sans cependant trop les échauffer, et, autant
que possible, dans la direction naturelle aux

plantes aquatiques qui garnissent déjà les
fonds. Une corde sert à les couler; on l'attache à un piquet fiché sur la berge, elle
servira de point de repère pour les retrouver
plus tard et les retirer. Près de chaque
frayère on fera bien aussi de couler quelques
petits fagots, que l'on pourra retirer à volonté
au moyen de cordelettes, et qui serviront à
faire connaître, à l'inspection, l'état des
grandes frayères leurs voisines. Tout étant
ainsi disposé, on abandonne les frayères à
elles-mêmes, en ayant soin d'éviter tout ce
qui pourrait les déranger ou les remuer, et par
suite en éloigner les femelles prêtes à pondre.

Lorsque l'on suppose que la ponte et la fécondation sont accomplies, ce que l'expérience d'abord, puis l'inspection des petits
fagots coulés près des frayères fera reconnaître, il faut encore attendre que les œufs
soient arrivés à la période de développement
pendant laquelle leur transport pourra s'ef-
fectuer sans danger ; ce temps varie suivant
les espèces, mais on reconnaît toujours que

les œufs sont transportables lorsque, au travers de la membrane de l'œuf, on aperçoit le jeune poisson d'une façon bien distincte, et quand ses yeux apparaissent comme deux points noirâtres bien marqués. Alors seulement on peut sans danger transporter les frayères dans les eaux où les œufs doivent éclore.

Si le transport doit se faire à de courtes distances, il ne présente aucune difficulté. On peut détacher les balais de bruyère des claies qui les portent ; les déposer, soit au fond d'une cuve pleine d'eau, soit dans un panier garni d'herbes marines mouillées, soit les transporter dans l'état même où on les retire de l'eau, si toutefois le trajet n'est pas assez long pour faire redouter la dessiccation des œufs, et les déposer ensuite dans les eaux que l'on veut peupler.

Si ces eaux renferment déjà quelques espèces de poissons, il est bon de mettre les œufs qu'on y dépose à l'abri de leur voracité. On doit même, à la rigueur, prendre

8.

toujours ce soin, car, à défaut de poissons, toutes les eaux renferment une foule d'animaux qui dévorent les œufs, ou les piquent, et suffisent pour anéantir quelquefois tout espoir de succès. On y parvient en déposant les frayères dans des caisses en bois percées de trous assez grands et assez nombreux pour permettre le renouvellement constant de l'eau dans leur intérieur. On peut aussi remplacer les parois percées par une fine toile métallique galvanisée, ou encore employer, au lieu de caisses, des paniers en osier, des mannes, dont les claies soient assez serrées pour empêcher l'introduction d'animaux étrangers, et assez peu pour permettre la sortie des jeunes poissons après leur éclosion.

On place ces caisses ou ces mannes en pleine eau, en choisissant la profondeur et la température les plus convenables pour les espèces que l'on veut reproduire. Si l'insolation est nécessaire à l'éclosion, c'est-à-dire s'il faut peu de profondeur et une tempé-

rature élevée, on adapte aux caisses des flotteurs en liége, ou un petit baril vide, qui les
maintient à peu de distance de la surface,
tandis qu'une corde lestée d'une grosse
pierre les empêche de flotter au gré du courant. Si les œufs exigent, au contraire, une
température basse et peu variable, ou une
certaine profondeur, on coule les caisses au
moyen de lests en pierre. Mais il est surtout
important de tenir compte de la température
nécessaire à chaque espèce pour les poissons
blancs, les seuls auxquels les pratiques ci-
dessus sont applicables avec succès; on peut
la fixer à peu près comme il suit :

De 12 à 15 degrés pour le meunier, le
goujon, la perche, le barbeau;

20 degrés au moins pour les variétés de
carpes et les autres cyprinoïdes, le goujon,
l'ablette, la loche, le véron, la vandoise;

De 20 à 25 degrés pour la tanche, la
brème, le sandre, etc.

Si le transport des œufs doit se faire à de
grandes distances, et surtout si dans le trajet

on a à redouter pour eux de brusques changements de température, on devra prendre toutes les précautions possibles pour les en préserver. Nous ferons connaître, en traitant de la pisciculture artificielle, les appareils les plus propres à remplir ce but.

Quoi qu'il en soit, les œufs, après leur transport, continuent leur période d'incubation et ne tardent pas à éclore. Alors ils échappent, par la vivacité de leurs mouvements, à tous les soins qu'on pourrait leur donner, et ici commence pour eux l'efficacité des manœuvres préparatoires dont nous avons parlé à l'article *Préparation d'un cours d'eau*, et c'est par la seule continuation bien entendue de ces pratiques que la jeune génération atteindra l'âge adulte, et récompensera par d'abondantes pêches les soins et les peines du pisciculteur.

CHAPITRE V.

MULTIPLICATION DES SALMONIDES. — ÉCHELLE

A SAUMON.

Tout ce qui précède, avons-nous dit, c'est-à-dire tout ce qui a rapport aux frayères et au repeuplement d'un cours d'eau par leur emploi, ne peut s'appliquer avec succès qu'aux poissons blancs. Pour les salmonides, le saumon, la truite, etc., il faut avoir recours aux procédés de pisciculture artificielle ; néanmoins il est des cas où il est possible d'appeler dans un cours d'eau, et en nombre incalculable, les poissons de cette famille, soit qu'ils l'aient déserté par suite de causes diverses, soit même qu'ils ne l'aient jamais habité.

Le saumon, en effet, est une espèce voya-
geuse; poisson d'eau salée pendant la période
de développement, il devient poisson d'eau
douce à l'époque du frai. On le voit alors,
abandonnant les flots de la mer, où il trouve
une abondante nourriture, grâce à laquelle
il atteint rapidement une taille et un poids
souvent extraordinaires, s'engager dans les
embouchures des fleuves, et les remonter en
formant des troupes de plusieurs milliers. Il
remonte souvent fort loin; à chaque affluent,
on voit une bande se détacher du troupeau
principal, s'engager sans hésiter dans l'embouchure de ce nouveau cours d'eau, et le remonter, en se subdivisant encore dans tous
les cours d'eau secondaires, jusqu'à ce que
les saumons rencontrent des eaux pures et
courantes coulant sur un lit de galets et de
sable fin. Là les femelles déposent leurs œufs,
les mâles les fécondent; puis chacun reprend
le chemin de la mer, en s'adjoignant les jeunes
saumons, produits par la ponte de l'année
précédente. Mais ce départ, bien loin d'être

une perte pour le riverain, est, au contraire, un accroissement assuré dans l'abondance des pêches à venir, car c'est toujours
dans les eaux où il est né que le saumon
revient de préférence déposer sa progéni-
ture, de sorte que le jeune poisson, parti
à l'état de *feuille*, et n'ayant encore aucune valeur commerciale, reviendra, après
un séjour de six à huit mois à la mer, ayant
atteint déjà un développement suffisant pour
être comestible et de bonne défaite. On conçoit, dès lors, que si le riverain a su prendre les
mesures convenables pour attirer le saumon
dans ses eaux, s'il a su ensuite multiplier les
circonstances favorables à sa reproduction, et
éloigner celles qui pourraient ou détruire les
pontes ou nuire aux éclosions, ou bien
encore éloigner le poisson de ces parages au
moment de son retour annuel, on conçoit,
dis-je, que la richesse de ses pêcheries ira
en croissant sans cesse, car c'est par milliers
que les saumons naîtront dans ces eaux hos-
pitalières, et c'est par milliers qu'ils revien-

dront ensuite, chaque année, se faire prendre dans les filets de leur heureux possesseur.

Échelle à saumon. — Dans les circonstances ordinaires, l'aménagement intelligent du cours d'eau, la multiplication des lits de ponte, en un mot la mise en pratique des enseignements que renferment les précédents chapitres, suffisent pour attirer un plus grand nombre de saumons dans les cours d'eau qu'ils fréquentent déjà; mais il est un cas, celui des barrages artificiels ou naturels, qui, opposant un obstacle infranchissable à l'instinct qui les pousse à remonter vers la source des rivières, leur interdit l'accès de cours d'eau propices à leur multiplication, et prive ainsi les riverains d'une richesse qui n'est point à dédaigner. A l'époque du frai, on voit ces poissons s'épuiser en vains efforts au pied du barrage pour tenter de le franchir, et y mourir souvent de fatigue plutôt que de renoncer à tenter le passage.

Nous devons à nos voisins d'outre-Manche l'invention d'un appareil fort simple nommé *salmon's ladders* (échelle à saumon), qui permet au poisson de franchir, sans trop de fatigue, les barrages qu'il rencontre.

Quelques faits ne seront pas inutiles, croyons-nous, pour démontrer l'excellence du procédé, avant d'entrer dans les détails d'exécution.

En Écosse il existe déjà, sur plusieurs rivières, des échelles à saumon, mais c'est surtout en Irlande, où la pêche de ce poisson est une richesse nationale, que ces appareils rendent le plus de services.

En Irlangle, près de Sligo, trois rivières, l'Arrow, la Colloones et la Colaney, après s'être réunies en un seul confluent, se précipitent dans la mer du haut d'un rocher à pic. Inutile de dire que, par suite de cette disposition naturelle, le saumon n'y avait jamais paru. Un propriétaire riverain, dont nous donnons le nom avec plaisir, M. Cooper de Mackrec Castle, fit construire le long de la chute une échelle à saumon, et, dès la pre-mière année, le saumon fit son apparition

9

dans les trois rivières; l'année suivante, on en prit 400, et aujourd'hui la pêcherie est affermée 1,000 livres.

Des échelles de ce genre sont établies maintenant en Irlande, partout où la configuration et la nature des cours d'eau les réclament, et nous en comptons aussi un certain nombre en France.

Les échelles à saumon se construisent sur différents modèles, tous à peu près également bons; nous décrirons les principaux.

Le premier système, le moins dispendieux à coup sûr, et aussi le plus simple, consiste en un véritable escalier, dont les marches, qui s'étendent en pente douce d'un bief à l'autre (fig. 1), sont formées chacune par une auge ou caisse en bois ou en maçonnerie.

La paroi antérieure de chacune d'elles porte à son bord supérieur une large échancrure, disposée pour l'une du côté gauche, pour la suivante du côté droit, et ainsi de suite en alternant sans cesse, de sorte que l'eau du bief supérieur, qui se précipite dans

la première caisse, passe de celle-ci dans la
seconde, et successivement dans toutes les

Fig. 1.

Échelle à saumon.

autres, en décrivant une série de petites cascades serpentantes.

Le poisson, dont l'instinct est surexcité,
sans doute, par les remous et l'agitation de
l'eau au pied de l'échelle, s'engage dans la
première caisse, et de là sautant sans grand
effort de marche en marche, il finit par
atteindre le bief supérieur, les caisses lui
offrant de nombreux points de repos, et les

petites cascades lui indiquant la route à suivre.

Quant aux proportions des caisses, à la pente générale de l'escalier, etc., le constructeur doit se guider sur la hauteur de la chute et la rapidité de l'écoulement de l'eau, en le réglant de façon que la rapidité du courant ne soit pas un obstacle au cheminement du poisson. En général, les caisses devront avoir de 1^m,50 à 2 mètres de large sur 1 mètre de long, et les chutes d'eau seront de 20 à 30 centimèt. Nous donnons, du reste, plus bas le plan coté d'une échelle à saumon qui pourra servir utilement pour la construction d'appareils de ce genre.

On peut aussi faire les ouvertures d'écoulement au milieu du bord des parois antérieures de chaque caisse, de sorte que les cascades se suivent en ligne droite; mais alors il importe de diminuer de beaucoup la chute de chacune d'elles, car, dans cette disposition, le courant, n'étant pas brisé dans chaque caisse par la route sinueuse qu'il est forcé de suivre, est beaucoup plus fort, et demande, par suite, une pente beaucoup moindre.

Si la configuration des lieux s'oppose à ce
que l'on puisse donner à l'ensemble des caisses
un développement suffisant en longueur pour
obtenir la pente la plus favorable, on fait deux
échelles parallèles placées côte à côte : la pente
de chacune est alors double de la pente vou-
lue, et les caisses ont aussi une profondeur
double; elles sont placées de telle façon que
chacune d'elles déverse son eau dans la caisse
correspondante de l'échelle voisine, les orifices d'écoulement étant sur les parois laté-

Fig. 2.

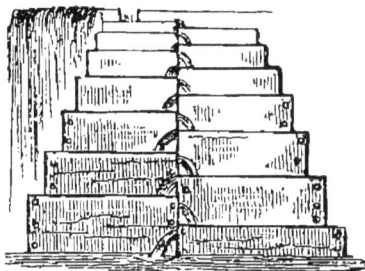

Échelle à saumon double (face).

rales (fig. 2 et 3), de sorte que l'eau du bief
supérieur entrant dans la première auge de
droite, par exemple, passe de celle-ci dans la

9.

première de gauche, de là dans la deuxième
de droite, puis dans la deuxième de gauche,
et ainsi de suite, chaque escalier formant une

Fig. 3.

Échelle à saumon double (profil).

série de cascades latérales. Cette disposition
permet de diminuer de moitié le développement en longueur de l'appareil.

Une autre échelle, très-simple encore, consiste en deux fortes cloisons, séparées l'une
de l'autre par une espèce de stalle de $2^m,50$
à 3 mètres, rejoignant en pente douce les
deux niveaux de la rivière ; puis de 3 mètres

en 3 mètres, par exemple, on établit des cloi-

Fig. 4.

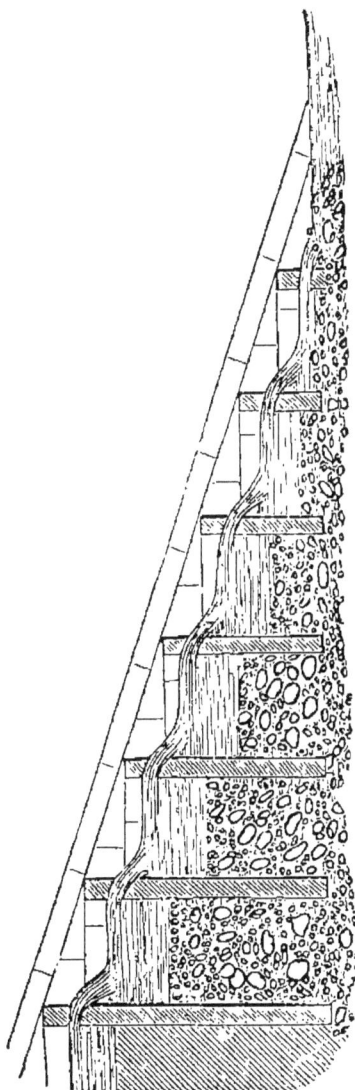

Échelle à saumon (coupe).

sons transversales, soit en bois, soit en maçonnerie (fig. 4), qui forment ainsi des bas-

sins successifs de hauteurs décroissantes. On donne aux cloisons une hauteur telle, que l'eau qui remplit chaque bassin s'écoule par leur bord échancré en son milieu, tandis que les côtés, plus relevés, opposent assez de résistance au courant pour en diminuer notablement la vitesse, et permettre au poisson de remonter sans trop de peine de bassin en bassin.

Enfin, comme type de l'échelle à saumon construite dans les meilleures conditions de pente d'écoulement et de durée, nous donnerons le détail et la cote d'un appareil de ce genre construit sur la Dordogne, au barrage de Mauzac.

Le barrage est vertical et a $2^m,50$ de chute à l'étiage. Sur un des côtés, et adossé à la rive, on a construit un radier ou plan incliné, allant du sommet du barrage au lit inférieur de la rivière. Ce radier (fig. 5) est formé d'un empierrement sur lequel est un lit de maçonnerie de $0^m,50$ d'épaisseur; la longueur du radier est de $16^m,10$. Il est maintenu latéra-

Fig. 5.

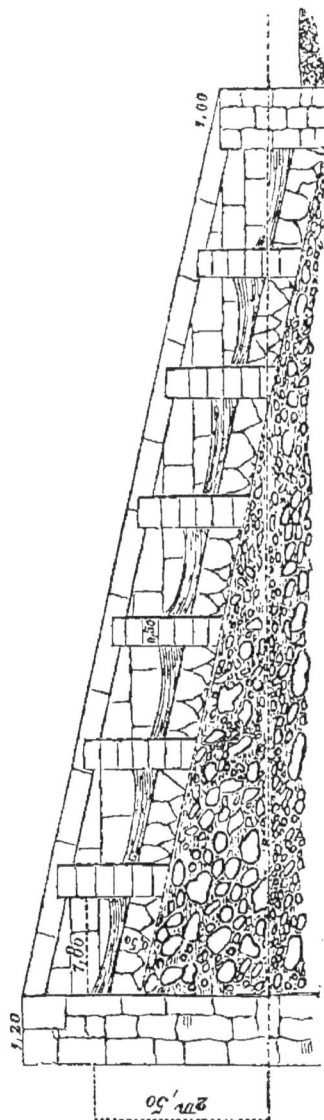

Échelle de Mauzac (Dordogne) (coupe).

lement par deux murs verticaux, et à chaque
extrémité par deux autres murs, dont celui
d'amont, adossé au barrage, a 1^m,20 d'épaisseur; l'autre, celui d'aval, a 1 mètre. Des
cloisons transversales, formées par des murs
en pierre de 0^m,50 d'épaisseur, partagent ce
canal incliné en sept compartiments égaux,
de 3^m,50 de large et 1^m,80 de long. Chaque
cloison et les murs d'amont et d'aval sont
percés, au niveau du radier, d'un orifice de
0^m,30 de large, mais alternativement d'un
côté et de l'autre du pertuis. Les parois de
chaque orifice sont taillées en musoir circulaire (fig. 6).

On conçoit, dès lors, que l'eau du bief supérieur, se précipitant par l'orifice du mur d'a-
mont, emplit le premier compartiment, puis,
par l'orifice de la première cloison, le second
compartiment, et ainsi des autres, jusqu'à ce
qu'elle rejoigne enfin le bief inférieur. Dans
son trajet elle forme une espèce de nappe
d'eau inclinée, dont la vitesse est beaucoup
ralentie par les cloisons qu'elle rencontre et

Fig. 6.

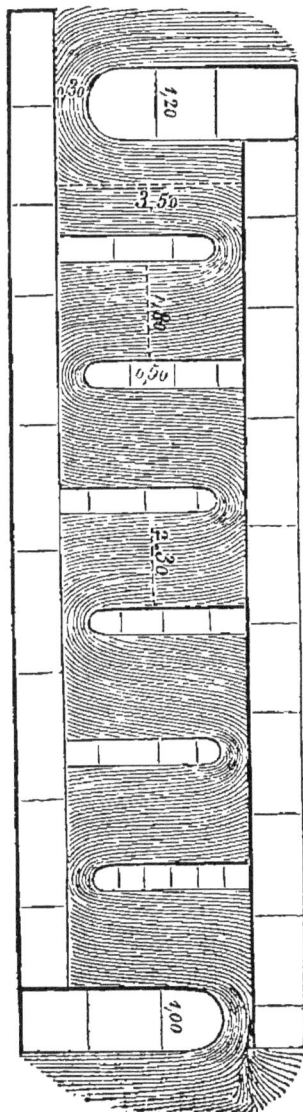

Échelle de Mauzac (Dordogne) (plan)

qui, dans chaque compartiment, la forcent à prendre un mouvement diagonal d'un orifice à l'autre, mouvement éminemment propre à guider le poisson engagé dans le premier bassin, et que son instinct pousse à remonter directement les courants qu'il rencontre.

La lame d'eau de l'orifice d'amenée a $0^m,30$ d'épaisseur, et cette épaisseur se maintient à peu près à tous les orifices. Dans chaque compartiment la vitesse moyenne de l'eau est $0^m,30$, et à chaque orifice elle est de $1^m,70$, et ne peut nulle part faire un obstacle sérieux à la remonte du saumon, qui rencontre souvent, dans ses pérégrinations, des courants bien autrement rapides, et les remonte sans difficulté.

Les échelles à saumon ne sont pas des appareils destinés spécialement à ce poisson, quoique les premiers inventeurs, les Irlandais, n'en aient fait usage que dans le but de multiplier les produits de leurs saumoneries; elles peuvent être employées avec avantage pour toutes les espèces voyageuses:

la truite, l'alose, l'éperlan, l'esturgeon, etc.,
en modifiant plus ou moins les pentes et les
chutes suivant la vigueur et les instincts des
diverses espèces. Ici l'expérience et l'obser-
vation seront les seuls guides du pisciculteur; mais, en général, on peut dire que
tout barrage devrait avoir son échelle; il
en est bien peu, je crois, pour qui ce serait
une construction inutile, d'autant plus qu'il
serait aisé, par une légère modification, de
les transformer tous les ans en immenses
appareils de reproduction, ainsi que nous
l'expliquerons dans les chapitres suivants.

PISCICULTURE

OU MULTIPLICATION ARTIFICIELLE.

Dans la pisciculture naturelle, dont nous venons d'exposer les pratiques et les procédés, nous avons toujours supposé que le pisciculteur avait à sa disposition une rivière ou un cours d'eau naturel quelconque; dans la pisciculture artificielle il n'en est plus besoin à la rigueur. Un bassin de quelques mètres cubes, dont l'eau puisse être renouvelée, soit constamment, par une fontaine ou une source, soit à volonté, par de l'eau apportée du dehors, et sans que ce renouvellement doive même être très-fréquent, voilà tout ce qu'il faut au pisciculteur pour élever, pour ainsi dire à domicile, non-seulement les petites races communes aux eaux de la France, mais encore les espèces les plus grandes, les plus nomades et même les espèces étrangères, et leur faire acquérir, dans un espace aussi restreint, une taille suffisante, soit pour le commerce, soit pour la consommation.

Afin d'exposer avec clarté et précision les diverses pratiques de la pisciculture artificielle, nous suivrons l'ordre naturel des faits, et, supposant le lecteur fondant à domicile, dans les limites les plus restreintes, un appareil de pisciculture, nous expliquerons pas à pas les opérations successives, en décrivant à tour de rôle les appareils, les instruments divers, les manipulations variées et les soins nécessaires pour arriver au but final, la reproduction en grand nombre et l'élevage lucratif de toutes les espèces comestibles.

CHAPITRE PREMIER.

APPAREILS DE PISCICULTURE ARTIFICIELLE.

Divers appareils sont nécessaires pour les pratiques de la pisciculture, suivant l'âge et le degré de développement du jeune poisson, et, pour chaque époque, les appareils que l'on peut employer sont assez variés. Nous ne décrirons que ceux indispensables à connaître, laissant au pisciculteur le soin de choisir, suivant les circonstances ou son habileté, ceux qui lui conviennent le mieux.

1° *Appareils d'incubation*. — On désigne sous ce nom tous les appareils dans lesquels les œufs sont déposés, après la ponte et la

10.

fécondation, et où ils doivent rester, jusqu'au moment de l'éclosion, soumis à la surveillance vigilante du pisciculteur, qui les met à l'abri des causes de destruction qui , dans la nature, les déciment presque toujours.

Les métaux doivent être bannis de la construction de ces appareils ; le bois, le verre et la poterie vernissée doivent avoir la préférence. L'appareil d'incubation le meilleur et le plus simple, sans contredit, consiste en un nombre variable, suivant les besoins, d'auges en verre ou en terre vernissée ; chaque auge (fig. 7) a $0^m,50$ de long et $0^m,15$ de large sur $0^m,10$ de profondeur ; sur le bord de la face antérieure est un bec d'écoulement. On dispose ces auges sur des supports en bois en forme de marchepied, de telle sorte que leur ensemble forme une succession de gradins en pente douce. L'auge supérieure reçoit un filet d'eau constant, obtenu, soit au moyen d'une fontaine et d'un robinet, soit, tout simplement, au moyen d'un tonneau que l'on remplit à mesure qu'il se vide, et où l'on

puise l'eau, soit par un siphon en verre à robinet, pour régler l'écoulement, soit de toute
autre manière, qui donne un courant d'eau
faible, mais régulier. Au-dessous de la der-

Fig. 7.

Appareil d'incubation.

nière auge, on place un baquet, ou l'on
creuse une rigole pour conduire l'eau au
dehors.

L'appareil doit être placé dans une pièce
bien aérée, et d'une température peu va-

riable, ne s'élevant pas, l'été, au-dessus de
20 à 25 degrés, et ne s'abaissant pas au-dessous de 10 à 15 ; on peut au besoin, pendant
la saison froide, y établir un calorifère, mais
il faut, en ce cas, le surveiller avec soin, et
éviter tout changement brusque de température.

Si l'on fait construire soi-même les auges
dans une fabrique de poterie, il faut faire
établir à l'intérieur, au tiers supérieur de la
profondeur totale, un cordon horizontal sail-
lant qui en fasse le tour. On coupe des
baguettes de verre de la largeur de l'auge, et
on les dispose l'une à côté de l'autre, en ap-
puyant leurs extrémités sur ce cordon ; on
les maintient à une distance d'environ 1 mil-
limètre, soit au moyen d'un fil de plomb ou,
mieux, d'une mince ficelle, passant alternativement au-dessus et au-dessous de chacune
d'elles, de telle sorte que leur ensemble
forme une espèce de claie à rayons parallèles, destinée à supporter les œufs.

Si les auges ne portent point la saillie in-

térieure nécessaire pour soutenir cette claie,
on attache ensemble les baguettes de verre
par leurs extrémités au moyen d'un fil de
plomb, ou d'une mince planchette de bois
trouée, et on les supporte par des tasseaux de
bois placés aux angles des parois et au fond
des auges.

Un autre appareil du même genre, très-

Fig. 8.

Appareil d'incubation.

simple, peu coûteux dans les pays où l'on
trouve des pierres de taille, consiste en une
pierre bien homogène, d'environ 0^m,20 d'é-
paisseur sur une largeur de 0^m,60 environ, et

d'une longueur variable suivant le nombre de récipients nécessaire. Dans cette pierre on creuse des cavités rectangulaires et parallèles de $0^m,50$ de long sur $0^m,15$ de large et $0^m,10$ de profondeur moyenne, en leur donnant une pente telle que, la pierre étant inclinée de 25 à 30° environ, leurs parois soient verticales, comme le montre la coupe (fig. 8). Pendant la taille on ménage sur les parois antérieure et postérieure de chaque auge une mince feuillure destinée à supporter la claie de baguettes de verre, et sur l'épaisseur de pierre qui sépare chaque auge de la suivante on creuse alternativement à droite et à gauche un petit canal de communication, de sorte que l'eau reçue dans la cavité supérieure s'écoule successivement dans toutes les autres.

On peut augmenter à volonté le nombre des auges ou récipients, suivant la quantité d'œufs que l'on veut élever, ou même se contenter d'une seule. On peut aussi accoupler ensemble plusieurs de ces appareils, en les mettant les uns à la suite des autres, à côté les uns des autres, ou en gradins à double pente, en disposant les rigoles d'écoulement de telle façon qu'un même filet d'eau donne un courant constant dans tous les petits bassins, en les suivant tous du premier au dernier.

Enfin, si l'on a un cours d'eau à sa disposition, on peut encore se servir d'une boîte en bois, de 1 mètre de long sur 0^m,50 de large et de profondeur; la partie supérieure se ferme par un couvercle, à coulisse ou en deux battants à charnières, garni d'une fine toile métallique galvanisée donnant passage à la lumière, mais arrêtant les corps étrangers et les animaux aquatiques. Les deux parois antérieure et postérieure sont percées de trous et garnies aussi d'une toile métallique, de sorte que l'appareil, étant placé dans le fil de l'eau, est traversé de part en part par le courant. La cavité intérieure est partagée en plusieurs étages par des claies formées de baguettes de verre, sur lesquelles on dépose les œufs, et l'appareil, garni et fermé, est placé en plein courant, maintenu entre deux eaux, mais assez près de la surface, par des flotteurs et un lest, et dans un endroit dont l'accès soit aisé à tout instant. Néanmoins, les œufs exigeant pendant leur incubation une surveillance continue et de fréquentes manipulations, on doit toujours donner la préférence aux premiers appareils décrits, car ils permettent de visiter les œufs sans peine et à chaque instant, de les nettoyer, de les trier sans dérangement sensible, ce que l'on ne peut faire dans une boîte plongée en pleine eau. Cet appareil n'offre quelque avantage que pour les espèces comme la perche, le brochet, la carpe, le goujon, dont les œufs adhèrent aux corps qu'ils rencontrent au moment de la ponte. On dispose alors au fond de la boîte une couche de sable fin, dans lequel on plante, en rangées régulières et assez espacées, les petits balais de bruyère sur lesquels on a reçu les œufs pendant la fécondation artificielle, comme nous le décrirons plus loin. Ces petits balais se maintiennent ainsi verticalement, sans frottement possible entre eux sous l'action du courant, et permettent d'inspecter aisément et de surveiller les modifications des œufs jusqu'à l'éclosion. Si, du reste, le courant du cours d'eau dans lequel l'appareil est disposé était un peu trop fort, on tournerait la caisse de manière à ce qu'elle présentât un de ses angles au courant.

De fréquentes manipulations sont nécessaires pendant l'incubation des œufs : ainsi il est important d'enlever avec soin les œufs morts ou gâtés, car ils ne tardent pas à se corrompre, à se recouvrir d'une sorte de végétation cryptogamique ou de moisissure dont le contact peut altérer les œufs sains; il faut nettoyer fréquemment et enlever les dépôts dont les eaux les recouvrent quelquefois; il faut pouvoir, au besoin, les changer de claie, etc.

Ces diverses manœuvres demandent à être faites avec adresse, et sans qu'il en résulte, pour les œufs, soit des froissements funestes, soit même des déplacements brusques ou fréquents.

11

Pour faire le triage des œufs morts, on se sert d'une pince de fleuriste ou d'une pince à dissection.

Pour nettoyer les œufs, on emploie un pinceau de blaireau doux, à poils longs, assez souple pour déterger la surface des œufs sans les faire rouler sur eux-mêmes.

Enfin, pour les déplacer et les changer de claie au besoin, on se sert d'un petit appareil en verre dont voici la figure, et que l'on nomme pipette courbe (fig. 9).

Fig. 9.

Pipette courbe.

Tenant verticalement l'appareil à pleine main par sa tige, on ferme avec le pouce l'orifice supérieur, et l'on plonge dans l'eau la partie renflée, en présentant son ouverture évasée aux œufs que l'on veut transporter ; enlevant alors le pouce, l'eau se précipite dans la pipette en entraînant les œufs avec elle, puis renversant alors l'appareil de manière à ce que l'eau ne puisse s'en écouler, et rebouchant avec le pouce l'ouverture supérieure, on peut enlever le tout et le plonger dans l'eau du nouveau récipient ; il suffit alors de l'incliner un peu en avant pour déposer les œufs à volonté à l'endroit convenable. A défaut de pipette courbe, une cuiller en argent, mince et arrondie, peut très-bien remplir le même office, c'est d'elle qu'on doit faire surtout usage pour le déballage des œufs expédiés de loin.

Tels sont les instruments indispensables au pisciculteur. Inutile d'ajouter que l'on peut varier à volonté leurs formes et leurs dimensions, suivant les circonstances diverses d'exploitation, mais en respectant les principes fondamentaux de construction, principes dont l'excellence a été démontrée par de nombreuses et fréquentes expériences.

CHAPITRE II.

FÉCONDATION ARTIFICIELLE.

Tout étant disposé comme nous l'avons expliqué dans le chapitre précédent, et les appareils d'incubation n'attendant plus que les œufs qu'ils sont chargés de protéger et de conduire à la période d'éclosion, il reste au pisciculteur à se procurer les œufs fécondés des espèces qu'il se propose d'élever. L'établissement de pisciculture d'Huningue envoie, à tous ceux qui en font la demande, des œufs fécondés prêts à éclore, et qui donnent en quelques jours une nombreuse population. C'est le moyen auquel il faut avoir recours toutes les fois que l'on voudra élever

11.

ou acclimater des espèces étrangères, dont il n'est pas possible de se procurer sur place des individus adultes mâles et femelles (1). Pour toutes les autres espèces, le pisciculteur devra opérer lui-même la fécondation artificielle des œufs à élever, en se procurant quelques femelles et au moins un mâle reconnus propres à la reproduction.

Mais, quelle que soit l'espèce, la première condition que doivent remplir les individus mâles et femelles choisis est celle de donner des produits de génération mûrs et sains, et le pisciculteur doit s'attacher à acquérir l'ex-

(1) Il suffit d'adresser au directeur de l'établissement de pisciculture d'Huningue une demande détaillée de l'espèce et du nombre des œufs que l'on désire pour les recevoir bientôt, et sans grands frais. Les œufs sont expédiés tout fécondés, et dans un état déjà assez avancé d'incubation, emballés au milieu d'herbes marines dans des boîtes en bois. Pour les déballer, on doit, ayant préparé l'appareil à incubation, soulever les couches d'herbes qui séparent les œufs, les prendre avec une cuiller, et les distribuer dans l'appareil, ou bien, mettant le tout dans l'eau, enlever soigneusement et doucement les herbes, les œufs restent au fond et sont aisément recueillis.

périence nécessaire pour reconnaître, au tact et à la vue, la maturité de la gestation des femelles et la bonne qualité de la laitance du mâle, conditions sans lesquelles il ne peut espérer d'opérer avec quelques chances de succès.

Tant que les œufs renfermés et comprimés dans les sacs ovariens forment, de chaque côté du ventre et de la poitrine, deux masses longues, dures, qui ne cèdent pas sous le doigt, c'est en vain qu'on essayerait de provoquer la ponte; on fatiguerait inutilement le poisson et l'on altérerait les produits; il faut attendre que les deux masses d'œufs se dégagent des sacs qui les enferment, et, descendant dans la cavité du ventre, s'y trouvent libres; on sent alors les œufs rouler sous les doigts, qui les dépriment aisément; alors l'anus forme un bourrelet circulaire très-proéminent, rouge et gonflé; il suffit même quelquefois de soulever le poisson par la tête pour voir des œufs s'en échapper, et si l'on presse le ventre, qui est gonflé mais mou, on en provoque aisément l'expulsion.

Pour reconnaître si les produits sont sains et de bonne qualité, il faut examiner avec soin quelques œufs reçus dans l'eau. Les œufs sains ne sont pas opaques, ils ont à peu près la transparence de la corne blanche, mais sans rien de louche, sans nuages ni flocons dans l'intérieur; la plupart présentent sur un point de la surface une petite tache jaune; ils sont recouverts d'un enduit visqueux qui les agglutine souvent entre eux, mais qui, au contact de l'eau, ne devient ni blanc ni laiteux ni opaque; enfin les mucosités, qui souvent accompagnent les œufs à leur sortie, ne sont point sanieuses, ne troublent point l'eau et n'y font point naître de flocons blanchâtres.

Les œufs malsains sont, au contraire, ou opaques et diversement colorés, ou très-transparents, mais avec un noyau central jaune, noir ou opaque; la mucosité qui les mouille devient laiteuse dans l'eau, les déjections sont sanieuses ou crémeuses, elles troublent l'eau et sortent en assez grande abondance. Un seul de ces caractères doit suffire pour que l'on ne tente point sur ces œufs une opération qui n'aurait aucun succès.

On reconnaît que le mâle est apte à la fécondation à peu près aux mêmes caractères extérieurs que la femelle. Si le ventre est gonflé et mou, le bourrelet anal proéminent, il suffit d'exercer quelques frictions sur le ventre pour voir s'écouler quelques gouttes de semence. La laitance de bonne qualité doit être blanche et de la consistance de la crème, se délayer rapidement et en totalité dans l'eau. Si elle ne sort qu'avec peine, ou si elle se présente sanieuse ou épaisse, jaune ou rouge et difficile à délayer, on fera bien de ne point l'employer; cependant, même dans ce cas, elle peut suffire, à défaut d'autre, pour produire la fécondation, mais avec moins de chances de succès.

Le choix des mâles et des femelles étant fait, on les place séparément dans deux baquets pleins d'eau, assez grands pour que les poissons n'aient pas trop à souffrir de cette captivité momentanée, et en même temps d'une forme qui permette de les saisir aisément et rapidement au besoin.

Si les poissons auxquels on doit emprunter les germes reproducteurs appartiennent à l'espèce des poissons blancs, dont les œufs, recouverts d'un enduit visqueux ou adhérents les uns aux autres en longs chapelets, s'attachent, lors de la ponte naturelle, aux herbes aquatiques et aux corps qu'ils rencontrent, on prépare à l'avance des petites branches de bruyère, des petits balais de brindilles, ou encore des touffes de mousse, pour recevoir les œufs et les placer ainsi, autant que possible, dans les conditions naturelles favorables à leur développement.

Ces divers préparatifs achevés, on procède à la ponte et à la fécondation. On choisit un vase de terre ou de verre, ou encore de métal émaillé, à fond large et plat; on le remplit d'eau très-pure, bien aérée, et à une température de 10 degrés environ, puis on saisit une femelle, en la prenant de la main gauche par la partie supérieure de la tête, le pouce

et l'index appuyés sur les ouïes; la main
droite ou reste libre, ou sert à contenir l'animal, qui d'ordinaire se débat violemment
pendant un instant, puis ne tarde pas à s'a-
paiser. On la porte alors au-dessus du vase
préparé à cet effet, en la tenant dans une po-
sition presque verticale, la queue en bas,
puis, appliquant l'index et le pouce de la
main droite, l'un d'un côté, l'autre de l'autre
de la poitrine du poisson, et les faisant glisser
vers la queue, on exerce sur lui une série de
frictions un peu rudes, qui à chaque fois font
écouler les œufs; on continue ainsi jusqu'à
leur complet épuisement.

Souvent la première friction détermine
chez la femelle une contraction spasmodique
qui arrête les œufs au passage et rend l'expulsion impossible; il suffit alors d'attendre
quelques secondes pour que cet état cesse et
que l'opération s'effectue avec facilité. Cela
fait, on change l'eau du vase, salie quelquefois par les déjections qui accompagnent les
œufs, puis, saisissant un mâle, **comme on a**

fait pour la femelle, on exprime de même dans le vase quelques gouttes de laitance, et on agite doucement l'eau avec la queue du poisson, de manière que les molécules fécondantes se répandent rapidement dans toutes les parties du liquide, et vivifient aisément tous les œufs, puis on laisse reposer le tout pendant deux ou trois minutes, temps suffisant pour que la fécondation soit complète.

Si la femelle appartient aux espèces dont les œufs adhèrent aux corps qu'ils rencontrent, pendant qu'un opérateur provoque l'expulsion des œufs, un autre, tenant dans l'eau du vase un des petits bouquets de bruyère préparés à l'avance, reçoit les œufs qui tombent, et, en agitant doucement et retournant le bouquet, tâche de les répartir également; tandis qu'un troisième opérateur, tenant un mâle, exprime en même temps dans le vase quelques gouttes de laitance. Lorsque la touffe de bruyère est suffisamment chargée d'œufs, et lorsque l'imprégnation de la semence paraît suffisante, on la retire et on la met à part dans un autre vase plein d'eau pure, puis, renouvelant l'eau du premier vase, on procède de même au chargement d'une autre touffe.

Si les poissons sont de forte taille, comme le sont quelquefois les saumons, les carpes, les brochets, un seul opérateur ne suffit plus pour opérer la ponte; le mieux alors est de s'y prendre à trois. L'un tient le poisson élevé au-dessus du baquet, en le saisissant des deux mains par les ouïes, un autre tient fortement la queue et neutralise les contractions de l'animal, tandis que le troisième provoque l'expulsion des œufs en comprimant des deux mains les flancs de la femelle, en les faisant glisser de la tête à la queue. Dans ce cas aussi une femelle contient un nombre immense d'œufs, en les réunissant tous dans un même vase la fécondation pourrait ne pas être complète, il faut alors les fractionner par lots de quatre à cinq mille, et opérer autant de fécondations partielles.

Quoique très-simples en elles-mêmes,

comme on le voit, les diverses opérations de la fécondation artificielle demandent à être faites avec beaucoup de soin et de dextérité; il faut opérer rapidement, et cependant sans fatiguer outre mesure le poisson et sans froisser les œufs, éviter autant que possible de salir l'eau, et, si cela arrive, ne pas craindre de la renouveler de suite.

Pour les fécondations des œufs adhérents, déposés sur des touffes de bruyère, chaque touffe donne lieu à une fécondation partielle; après deux ou trois minutes de repos, on retire celle que l'on vient de garnir pour la mettre dans un autre récipient, puis, renouvelant l'eau qui a servi à la dernière fécondation, on procède au chargement d'une autre touffe. Si les fécondations, qui dans ce cas exigent encore plus de soin, ne sont pas bien faites, le résultat ne répond point aux peines qu'elles ont données; aussi est-il préférable, pour les poissons qui donnent des œufs adhérents, d'employer le procédé déjà décrit des frayères artificielles.

CHAPITRE III.

INCUBATION, SOINS A DONNER AUX ŒUFS.

Lorsque les œufs sont fécondés, à l'aide de la pipette courbe on les enlève, et on les distribue sur les claies en verre des appareils d'incubation (fig. 7 et 8), ou l'on implante les touffes de bruyère dans le sable de la boîte à incubation, décrite page 149.

Mais, comme nous l'avons dit, les procédés de pisciculture artificielle sont surtout applicables avec succès et utilité aux espèces qui, telles que les salmonides, n'ont point leurs œufs adhérents, nous supposerons à l'avenir qu'il ne s'agit que de poissons de cette espèce;

tout ce que nous dirons est néanmoins également applicable aux familles des poissons blancs, bien que pour elles la pisciculture naturelle suffise toujours.

On dépose donc les œufs dans les auges destinées à les recevoir, déjà remplies d'eau, et en ayant soin de les étaler de façon qu'ils ne se touchent que le moins possible, et surtout qu'ils ne soient jamais entassés les uns sur les autres. Cela fait, on établit le courant d'eau, en le réglant de manière qu'il ne détermine dans chaque auge que l'agitation nécessaire pour renouveler l'eau peu à peu, sans déplacer ni entraîner les œufs.

L'eau que l'on emploie doit être très-pure, c'est-à-dire ne donner, autant que possible, lieu à aucun dépôt. Les eaux de rivière ou de source sont excellentes; les eaux de puits doivent être rejetées, surtout dans les villes, car ces eaux contiennent toujours, en quantité considérable, des matières organiques ou autres provenant des infiltrations souterraines. Dans tous les cas, et surtout si l'on emploie de l'eau de source, il importe qu'elle soit bien aérée, c'est-à-dire qu'elle renferme en dissolution la plus grande quantité possible d'air atmosphérique ; aussi est-il bien, avant de l'employer, de la laisser exposée à l'air, ou, si le temps presse, de la battre violemment pendant quelques instants.

On ne doit employer l'eau qu'à la température moyenne de 10°, mais surtout à la même température que l'eau qui remplit déjà l'appareil d'incubation, afin d'éviter tous changements brusques de température, changements toujours funestes aux œufs.

Tous les jours, jusqu'au moment de l'éclosion, on doit visiter attentivement les œufs ; si, quelque soin que l'on ait pris pour n'employer que de l'eau bien pure, on s'aperçoit qu'un sédiment se dépose sur les œufs, avec le pinceau de blaireau on balaye légèrement leur surface ; on écarte ceux qui sont trop en contact ou qui sont entassés. Tous les jours, au moins, on doit aussi, à l'aide de la pince, enlever les œufs morts ; on les reconnaît à ce qu'ils sont ou opaques ou blancs, ou se différencient de leurs voisins par une apparence anormale quelconque. Ce soin est important, car les œufs morts deviennent rapidement le siége, soit d'une putréfaction, soit d'une végétation parasite qui nuit puissamment à tous les œufs voisins.

Il est impossible, du moins dans les premiers temps de l'incubation, de reconnaître les œufs fécondés de ceux chez qui l'imprégnation n'a point réussi; tous les œufs fécondés, comme les œufs stériles, deviennent alors plus transparents; puis on voit apparaître, au-dessous de l'enveloppe externe et sur un point de la surface, une petite masse jaunâtre, comme une gouttelette d'huile, portant au centre une tache blanche qui est le germe. Ce premier phénomène se manifeste entre la deuxième et la dixième heure de l'incubation. Si l'œuf est fécond, ce germe subit alors de rapides et notables changements; s'il est stérile, le germe peut persister tel qu'il apparaît d'abord, ou disparaitre avec la transparence de l'œuf. Dans les œufs fécondés, ce germe s'affaisse, puis s'agrandit, et se transforme en une espèce de calotte ou de membrane qui envahit peu à peu la totalité de l'œuf, excepté en un point, qui offre alors toute l'apparence d'un trou ; alors aussi on commence à apercevoir une ligne blanchâtre, qui occupe une partie de la circonférence de l'œuf, un quart environ; cette ligne est l'embryon, dont on peut aisément suivre de l'œil et de jour en jour le développement. Bientôt ses formes se dessinent, les yeux apparaissent comme deux points noirâtres, et enfin le jeune poisson sort de sa prison, et réclame de nouveaux soins et une surveillance d'un autre genre.

La durée de l'incubation est très-variable suivant les espèces, et surtout suivant la température du milieu où les œufs ont été déposés. Dans les conditions normales, c'est-à-dire sous l'influence d'une température modérée, entre 10 et 15°, la carpe, la tanche, la perche, le goujon, le barbeau

éclosent en huit ou quinze jours d'incubation; le brochet, l'ombre-chevalier, l'ombre
commun, du vingt et unième au vingt-cin-
quième jour; le saumon, le féra, la truite
n'éclosent que du soixantième au quatre-
vingtième jour d'incubation. L'habitude et
surtout l'inspection des œufs seront les seuls
guides du pisciculteur pour prévoir le moment prochain de l'éclosion.

CHAPITRE IV.

SOINS A DONNER AUX POISSONS, MOYENS DE TRANSPORT.

Lorsque les œufs sont éclos, suivant les espèces les jeunes poissons réclament des soins différents; si ce sont des poissons blancs, leur petitesse et leur vivacité les font échapper à tous les soins qu'on voudrait leur donner. Le mieux est alors de les verser immédiatement dans les cours d'eau ou les bassins destinés à les recevoir; mais, si ces cours d'eau ou ces bassins sont déjà peuplés de poissons adultes, il est à craindre que les jeunes individus qu'on leur adjoint ne soient

décimés par la voracité de ceux-ci : il sera
donc bien, en ce cas, de les parquer pendant
quelque temps dans des réservoirs spéciaux,
aménagés de manière à leur offrir les meilleures conditions possibles d'existence et de
développement, alimentés d'eau pure, purgés
autant que possible de tout animal nuisible,
et offrant de nombreux abris. Lorsque les
jeunes poissons auront acquis un développement suffisant pour échapper par la fuite
aux attaques de leurs ennemis, on pourra
sans crainte les lâcher dans les cours d'eau
où ils doivent vivre désormais.

Mais les poissons de la famille des salmonides, saumon, truite, etc., demandent encore, quelque temps après leur éclosion, la
continuation des soins de l'homme. En effet,
lorsque ces poissons éclosent, ils portent au-
dessous du ventre une poche ombilicale
énorme, relativement à leur taille ; cette
poche est destinée à fournir à l'alimentation
du jeune poisson pendant les premiers temps
de son développement ; elle diminue peu à

peu, et finit par disparaître. Mais, tant qu'ils
portent leur poche abdominale, les jeunes
saumons restent à peu près immobiles; et,
abandonnés à eux-mêmes en ce moment
dans les cours d'eau, ils deviendraient, sans
défense possible, la proie de leurs nombreux
ennemis. On doit donc les conserver dans
les appareils d'éclosion, dans le repos le plus
absolu et à l'abri du soleil, jusqu'à la résorption complète de la vésicule ombilicale,
en se contentant d'entretenir toujours dans
l'appareil un courant d'eau pure d'une température constante. C'est environ du trente-
cinquième au quarantième jour que la vésicule achève sa résorption complète; alors les
jeunes poissons deviennent vifs et agiles, et
réclament, pour se développer rapidement,
une abondante nourriture. C'est à ce moment
qu'on peut, sans crainte, les lâcher dans les
cours d'eau, ou, à défaut, dans des bassins;
mais, en ce cas, il faut les nourrir, en leur
jetant, deux à trois fois par jour, de la viande
hachée, du foie pilé, des limaces broyées,

en un mot toutes les substances animales qu'il est facile de se procurer à bas prix en quantité suffisante. Sous l'influence de ce régime, les saumons atteignent du reste rapidement une taille suffisante pour devenir l'objet d'un commerce lucratif.

On a souvent besoin, dans la pratique de la pisciculture, d'expédier au loin des œufs fécondés ou de jeunes poissons récemment éclos, soit pour les répandre dans des cours d'eau éloignés du lieu d'éclosion, soit pour envoyer ou recevoir des races étrangères et faire des échanges d'espèces diverses.

Pour faire voyager les œufs, il faut attendre le moment où la calotte que forme le germe ayant envahi la presque totalité de l'œuf, l'embryon commence à se dessiner bien distinctement sur celle-ci ; à partir de ce moment jusqu'à celui de l'éclosion, et à l'aide d'un aménagement bien entendu, on peut faire parcourir aux œufs de grandes distances sans déchet sensible à l'arrivée. On dispose, au fond d'une boîte à parois épaisses, une couche d'herbes aquatiques ou de mousse fine bien imbibée d'eau ; par-dessus, à l'aide de la pipette courbe, on répartit également une couche d'œuf ; on les recouvre, sans les tasser, d'une couche de mousse, par-dessus celle-ci on étale une autre couche d'œufs ; et ainsi de suite, jusqu'à ce que la boîte soit pleine : on la ferme alors en ayant soin que la compression soit juste suffisante pour éviter tout ballottement intérieur. Pour les voyages très-longs, et lorsque l'on a à craindre de brusques transitions de température, on doit envelopper les boîtes dans plusieurs doubles d'étoffes de laine, ou bien les enfermer dans une boîte plus grande, en comblant les vides avec de la sciure de bois, de la laine tassée, du foin, etc. A l'arrivée, on déballe les œufs dans l'eau, puis on les reprend, à l'aide de la pipette, pour les placer dans l'appareil à incubation, où ils ne tardent pas à éclore.

Si l'on veut transporter des poissons éclos, rien n'est plus facile, surtout pour les salmonides pendant tout le temps où ils portent leur vésicule abdominale. Il suffit de les placer dans des bocaux en verre de 2 à 3 litres, pleins d'eau pure; le bouchon de chaque bocal porte deux tubes de verre, l'un court, qui établit une communication avec l'air extérieur; l'autre, plus long, plonge presque jusqu'au fond de l'eau, il sert à l'aérage, manœuvre indispensable, surtout pendant les grands parcours. L'aérage, que l'on doit pratiquer toutes les deux ou trois heures, se fait en chassant de l'air atmosphérique par le plus long des deux tubes, que l'on fait communiquer, à l'aide d'un tube flexible, à un soufflet, ou à une pompe foulante; l'air, en traversant l'eau, s'y dissout rapidement, et lui restitue l'oxygène qu'absorbent les jeunes poissons, et sans lequel ils ne sauraient vivre. Il est prudent aussi, si faire se peut, de renouveler l'eau au moins tous les deux ou trois jours. Moyennant ces quelques précautions, on peut faire parcourir ainsi de très-longues distances aux espèces les plus délicates, sans avoir à redouter une mortalité sensible.

Si les poissons à transporter ont déjà une certaine taille, le succès est moins assuré; on peut néanmoins réussir encore en remplaçant les bocaux par des tonneaux, mais en ayant soin, par de longues macérations préalables, d'enlever au bois qui les forme toutes les substances solubles qu'il peut contenir, et qui ne pourraient que nuire au jeune poisson.

CHAPITRE V.

Nous voici arrivé à la fin de l'exposé des pratiques de la pisciculture; il ne nous reste plus qu'à faire connaître, d'une manière générale, le but pratique et utile dans lequel on peut les employer; une foule d'industries privées et d'exploitations diverses, susceptibles de s'étendre ou de se restreindre à volonté, suivant les moyens plus ou moins limités de l'industriel, peuvent en prendre naissance. Leur description détaillée nous entraînerait trop loin; d'ailleurs l'initiative

personnelle de chacun saura bien choisir le
mode d'exploitation convenable, et l'appro-
prier aux ressources et aux besoins de chaque
localité. Contentons-nous donc de tracer le
plan général, laissant à chacun le soin de
concourir, suivant la mesure de ses forces, à
l'érection du monument.

La pisciculture naturelle devrait désormais
faire partie de toute éducation agricole
complète. Les eaux de nos campagnes sont
aussi des champs non moins fertiles que
ceux que laboure la charrue, le tout est de
savoir les cultiver. Il n'est pas de petit cours
d'eau que l'on ne puisse empoissonner, s'il
est inhabité, et dont on ne puisse multiplier
à l'infini les produits. De nos jours, pour le
peuple de nos campagnes, la pêche n'est
qu'un délassement ; le poisson recueilli, un
accident dans l'alimentation habituelle. C'est
le contraire qui devrait être. La chair du
poisson est saine et nutritive, pour le moins
autant que la viande, dont elle a la composition chimique. Nous n'en donnerons pour

preuve que nos fortes et robustes populations maritimes, qui empruntent aux produits de la mer la majeure partie de leurs
aliments, et la nombreuse et saine population de la lagune de Commachio, dont il a
été parlé dans l'historique (page 15), qui, depuis des siècles, n'a jamais consommé d'autre
nourriture animale que les produits de ses
lagunes, et chez laquelle il serait malaisé de
rencontrer le moindre symptôme d'affablis-
sement et de décrépitude. Laissant de côté
le préjugé de la vertu soi-disant prolifique
de la chair du poisson, vertu qui, si elle
était réelle, ne serait du reste pas à déplorer
dans ce moment où l'agriculture manque de
bras, reconnaissons hardiment qu'introduire
dans nos campagnes les pratiques de la pisciculture naturelle, c'est non-seulement
rendre productifs des cours d'eau stériles,
sans pour cela interdire l'emploi de leurs
eaux pour l'irrigation ou la navigation, et procurer aux riverains, par la ferme de la pêche,
un revenu certain, susceptible d'accroisse-

ment, mais encore c'est rendre à nos populations rurales un immense service, c'est accroître, sans dépense réelle et sans travail spécial ou assujettissant, leur alimentation si chétive d'ordinaire, si insalubre quelquefois, et toujours si peu variée.

Partout où il y a des cours d'eau, on doit donc populariser et mettre en pratique les procédés de la pisciculture naturelle ; ils suffiront seuls, et amplement, à rémunérer les riverains de quelques légers sacrifices, en multipliant à l'infini les individus des espèces déjà existantes.

Si, désirant augmenter la richesse des pêcheries, on veut acclimater des espèces étrangères, il faut avoir recours aux procédés de la pisciculture artificielle, et, toutes les fois que la nature des eaux et des fonds semblera propice aux familles des salmonides, il y aura négligence coupable, de la part des riverains, de ne pas y introduire les races, si estimées à juste titre, des truites, des ombres, des féras, des truites saumonées et même des

saumons, car il nous est démontré aujour-
d'hui que le voisinage et la fréquentation de
la mer ne leur sont point indispensables. Mais
là ne se borne pas le rôle de la pisciculture
artificielle, elle peut, elle aussi, donner lieu à
des exploitations spéciales et à diverses industries particulières. Des expériences récentes et nombreuses ont démontré que les
poissons, même ceux des espèces les plus
grandes et les plus vagabondes, sont susceptibles, par des soins bien entendus, de s'ac-
coutumer comme les troupeaux au régime
de la stabulation, et qu'il n'est pas plus difficile d'élever un saumon, un féra, un brochet, un esturgeon ou une carpe, dans un
bassin de quelques mètres cubes, que de me-
ner à bien une chèvre ou un mouton dans
un jardin de quelques pas. A ce sujet j'em-
prunterai à M. Coste quelques faits rapportés
par lui dans un de ses derniers ouvrages, et
qui ne laisseront aucun doute sur la réalité
de ceux que nous avançons.

Une association de propriétaires a fait

13.

creuser, près de Perth, un réservoir où se fait en grand l'élève du saumon ; voici un passage du compte rendu d'une visite faite par l'association au bassin dont il s'agit :

« Nous avons visité les poissons de notre réservoir le 27 octobre 1854. En jetant dans ce réservoir un peu de foie bouilli, dont on les nourrit, l'eau parut vivante, tant ils étaient nombreux et alertes à s'en saisir ; et leurs flancs argentés reluisaient au soleil quand, après avoir saisi leur proie, ils se retournaient pour redescendre au fond : c'était un spectacle fait pour intéresser les plus indifférents. Le gardien jeta de la nourriture dans les différentes parties du bassin pour montrer qu'elles étaient toutes également peuplées, et quoique auparavant on n'y aperçût pas un seul poisson, tout à coup le fond s'anima, et une myriade en sortit, dévorant la pâture avant qu'elle y fût tombée. Ces poissons avaient de 5 à 6 pouces anglais de long..... Il est étonnant, nous dirons même merveilleux, que tant de milliers de poissons puissent vivre et grossir comme ils le font dans un si petit espace. »

M. Mayor, fils d'un chirurgien célèbre, écrivait, en 1854, à M. Detzem, ingénieur des ponts et chaussées, en lui rendant compte d'un envoi d'œufs de poisson qui lui était adressé par l'établissement d'Huningue, et qu'il élevait dans un bassin alimenté par l'eau du Rhône.

« Une partie des œufs avait gelé; deux ou trois cents ont échappé, et actuellement nous avons, dans un bassin alimenté par l'eau du Rhône, quelques centaines de truites de 9 à 12 centimètres de long, au milieu desquelles il existait encore, comme j'ai pu m'en convaincre par une petite pêche faite hier, 3 décembre, quelques saumons parfaitement bien portants et ayant 8 à 9 centimètres de long. »

Voici comment M. Coste décrit lui-même les résultats frappants qu'il a obtenus au collège de France. Ces expériences sont d'autant plus concluantes, que, comme il le dit lui-même, elles ont été faites dans des appareils de laboratoire, c'est-à-dire dans des conditions d'exiguïté exceptionnelles. « Vous avez vu, au collége de France, dans la piscine consacrée à mes expériences, des myriades de jeunes saumons, de jeunes truites, de jeunes ombres-chevaliers, provenant d'œufs fécondés artificiellement sur les bords des lacs de la Suisse, du Rhin, du Danube, éclos dans les appareils à incubation de mon laboratoire, recevoir leur pâture dans cette étroite enceinte, comme des troupeaux soumis au régime de la stabulation. Trois mois de séjour dans ces conditions peu favorables avaient suffi, grâce à l'efficacité du mode d'alimentation, pour les amener à l'état de feuille..... Vous avez vu aussi, dans l'un des compartiments de cette piscine, des saumons et des truites de l'année précédente, qui, sous l'influence du même régime, avaient acquis une longueur de 30 centimètres, un poids de trois quarts de livre, et étaient déjà comestibles ; en sorte que cette double expérience, l'alevinage en grand dans un espace restreint et l'approvisionnement des viviers domestiques, devient une pratique aussi facile que l'élève des poules dans une basse-cour. »

Voici enfin, entre mille autres, un fait arrivé chez M. Regnault, directeur de la manufacture de Sèvres, fait très-important, car il démontre que, même abandonnés à eux-mêmes, et en l'absence de tout soin et de toute alimentation, dans un espace très-restreint, des saumons ont pu pourtant acquérir rapidement une taille presque suffisante pour la consommation.

« M. Regnault, membre de l'Académie des sciences, prit, vers la fin de mai 1853, un certain nombre de jeunes truites et de jeunes saumons éclos au collége de France, les transporta à la manufacture de Sèvres, les jeta dans un bassin en maçonnerie, de 40 mètres de superficie, d'un mètre de profondeur, construit pour le service de l'établissement, et où, pendant six mois de l'année seulement, un simple robinet renouvelle l'eau qu'un trop-plein évacue. Une grande quantité de feuilles mortes s'étant accumulées au fond de ce réservoir, M. Regnault craignit que la putréfaction ne fît périr ses élèves, et avec d'autant plus de raison qu'il en avait déjà vu quelques-uns monter à la surface. Il ordonna donc qu'on mît le bassin à sec, et, en attendant que l'opération fût terminée, on entreposa les saumons et les truites dans un baquet placé sur le bord. Mais bientôt la plupart s'élancèrent hors de l'eau sans qu'on s'en aperçût. Parmi ceux qui périrent, il y en eut huit qui pesaient près d'une livre, quoiqu'ils ne fussent âgés que de dix-huit mois. Tous étaient saumonés, comme ceux qui vivent dans leur milieu naturel, et leur chair avait un goût exquis. Ce résultat est d'autant plus important, que ces poissons ont vécu *de la seule nourriture que le bassin leur fournissait.* »

Citons enfin un dernier fait, exemple complet des résultats que peut atteindre une exploitation particulière, résultats obtenus pour ainsi dire sans frais.

« M. le commandant Desmé, officier d'ordonnance de M. le maréchal Saint-Arnaud, avait emporté dans un bocal de jeunes saumons à peine éclos, pour les élever dans son domaine de Puygiraut. Le vivier où ils furent jetés ne contient que 150 hectolitres d'eau. M. Desmé, supposant qu'ils n'y rencontreraient pas une nourriture suffisante, leur a fait jeter, tant qu'ils étaient encore jeunes, de la chair de limace broyée, et, plus tard, coupée par morceaux plus ou moins volumineux, jusqu'au moment où il a cru qu'il pouvait les leur livrer entières. Sous l'influence de ce régime, qui ne lui a occasionné aucune dépense, attendu que ce mollusque abonde dans tous les potagers, ses élèves ont acquis, dans le même laps de temps, la taille et le poids de ceux de M. Regnault. »

Après des faits aussi positifs et aussi concluants, il ne me reste que peu ou point à ajouter. Un appareil d'incubation, un bassin de quelques mètres de superficie, alimenté par un filet d'eau, ou, à défaut, par de l'eau apportée du dehors et à intervalles assez éloignés, voilà tout ce qu'il faut pour élever rapidement et presque sans frais toutes les espèces de poissons comestibles, soit pour les employer à l'état d'alevin à l'empoissonnement des viviers et des cours d'eau, soit pour les consommer lorsqu'ils ont atteint la taille comestible.

Utiles surtout aux contrées que les rivières parcourent, en augmentant considérablement le revenu des pêcheries dont elles décuplent la valeur et les dotant d'espèces comestibles recherchées qui fourniront constamment un aliment sain et à bas prix, vu son abondance, les pratiques de la pisciculture sont surtout inappréciables dans les régions dépourvues de cours d'eau et où les voies de communication sont rares et difficiles. Rien ne s'oppose désormais à l'établissement de bassins de pisciculture, qui, en deux ou trois ans, fourniront en abondance, à des prix accessibles à toutes les bourses, les espèces les plus recherchées et les espèces étrangères inconnues jusque-là, ou reçues à grands frais après un long parcours. Rien ne sera plus aisé aussi que l'emploi de viviers particuliers, où une famille élèvera elle-même le poisson nécessaire à sa consommation, variant à son gré le choix des espèces suivant ses goûts et ses moyens, sans plus de peine ou de frais que n'en exige l'élève des poules et des lapins dans une basse-cour. Tels sont, sans parler de ses immenses résultats au point de vue humanitaire et national, les avantages importants, comme richesse et abondance domestique, que la pisciculture est appelée à procurer à ceux qui, abandonnant enfin la voie des préjugés et des pratiques routinières, oseront aborder avec confiance la route nouvelle qui leur a été ouverte par M. Coste et ses habiles émules. Quant à nous, nous nous estimerons trop récompensé de nos efforts, si la lecture de cet ouvrage a pu conquérir quelques nou-

veaux partisans à la science que M. Coste a
découverte, et amener quelques améliorations
dans le mode d'exploitation de nos cours d'eau,
dépeuplés en partie et même stérilisés par
des pratiques inintelligentes et abusives.

FIN.

TABLE DES MATIÈRES.

FIN DE LA TABLE.

PARIS. — IMP. DE Mᵐᵉ Vᵉ BOUCHARD-HUZARD, RUE DE L'ÉPERON, 5. — 1864.

www.ingramcontent.com/pod-product-compliance
Lightning Source LLC
Chambersburg PA
CBHW031328210326
41519CB00048B/3583